博碩文化

# Clean Architecture
## 實作篇 *第二版*

*Tom Hombergs*

**Get Your Hands Dirty on Clean Architecture**
在整潔的架構上弄髒你的手

錢亞宏、盧國鳳 翻譯
錢亞宏 審校
搞笑談軟工 *Teddy Chen* 專文推薦

本書如有破損或裝訂錯誤，請寄回本公司更換

作　　　者：Tom Hombergs
譯　　　者：錢亞宏、盧國鳳
審　　　校：錢亞宏
責 任 編 輯：盧國鳳

董 事 長：陳來勝
總 編 輯：陳錦輝

出　　　版：博碩文化股份有限公司
地　　　址：221 新北市汐止區新台五路一段 112 號 10 樓 A 棟
　　　　　　電話 (02) 2696-2869　傳真 (02) 2696-2867

發　　　行：博碩文化股份有限公司
郵 撥 帳 號：17484299　戶名：博碩文化股份有限公司
博碩網站：http://www.drmaster.com.tw
讀者服務信箱：dr26962869@gmail.com
訂購服務專線：(02) 2696-2869 分機 238、519
（週一至週五 09:30 ～ 12:00；13:30 ～ 17:00）

版　　　次：2024 年 01 月二版一刷

建議零售價：新台幣 600 元
I S B N：978-626-333-680-3
律 師 顧 問：鳴權法律事務所 陳曉鳴律師

國家圖書館出版品預行編目資料

Clean Architecture 實作篇：在整潔的架構上弄髒你
的手 / Tom Hombergs 著；錢亞宏，盧國鳳譯 .-- 二
版 .-- 新北市：博碩文化股份有限公司, 2024.01
　面；　公分

譯自：Get your hands dirty on clean architecture, 2nd ed.

ISBN 978-626-333-680-3（平裝）

1.CST: 軟體研發 2.CST: 電腦程式設計
3.CST: Java（電腦程式語言）

312.2　　　　　　　　　　　　　112019710

Printed in Taiwan

歡迎團體訂購，另有優惠，請洽服務專線
博碩粉絲團　(02) 2696-2869 分機 238、519

獻給我的妻子 Rike，還有我的孩子 Nora 和 Niklas，
感謝他們不斷提醒我，在軟體開發之外還有其他值得珍惜的人生。

# 二版推薦序 | Teddy Chen

簡而言之,整潔的架構要多「整潔」,需要考慮眾多相互衝突的作用力(forces)。從業務的角度來看,有時你會想妥協,讓架構「有點髒」,藉此獲得方便性以及現有軟體框架所提供的功能。當考慮到系統的長久維護性時,你可能會改變心意,針對你的架構「時時勤拂拭,勿使惹塵埃」。

軟體雖然被稱為「軟」體，但它其實很「硬」。隨著時間過去，修改軟體的成本呈現指數成長，在這種情況下軟體從業人員不可能做到敏捷開發所提倡的「擁抱改變」。反之，他們只會想盡辦法抗拒改變，導致與利害關係人之間的關係緊張，錯失商機。正確套用 Clean Architecture 所帶來的好處，可以讓你的軟體變軟，讓軟體開發成本基本上與時間無關，只與修改範圍有關。

有深度的知識通常易學難精，Clean Architecture 亦同。10 個套用它的人，有 N 種不同的實踐方法。你需要解決以下常見問題：

> 物件要放置在哪一層？原始碼的目錄結構要怎麼安排？整潔的架構只能有四層嗎，能不能多一點、少一點？可以在實體層與使用案例層違反依賴原則，直接引用定義在 SpringBoot 框架中的 Java annotation 嗎？物件依賴方向須由底層往高層，但它們可以跨層依賴嗎？物件跨層一定要重新雙向映射嗎？實體層的物件可以直接裸奔，傳遞到介面轉接層嗎？資料庫存取介面要放在實體層還是使用案例層？實體層的物件透過領域服務直接存取外部系統，還是委由使用案例層將其所需資料注入到實體層？要如何實作知道所有依賴關係的 Main Component？如何做到延遲部署決策，依據業務需求將系統彈性地部署成單體或微服務？如何將整潔的架構與 DDD 融合在一起使用？與 CQRS 模式一起使用時，在查詢端還需要存在使用案例層嗎？

簡而言之，整潔的架構要多「整潔」，需要考慮眾多相互衝突的作用力（forces）。從業務的角度來看，有時你會想妥協，讓架構「有點髒」，藉此獲得方便性以及現有軟體框架所提供的功能。當考慮到系統的長久維護性時，你可能會改變心意，針對你的架構「時時勤拂拭，勿使惹塵埃」。

落實整潔的架構，你需要在眾多的限制條件下做出取捨，而本書提供讀者一個回答上述問題的知識基礎。針對這些問題，本書第一版已有相當深入的討論。第二版除了針對原本的章節內容增添補充說明，還增加「可維護性」、「管理多個 Bounded Context」與「以元件為基礎的軟體架構方法」等三章，補強軟體系統的持續開發與模組化方法的介紹。

針對 Clean Architecture 的實作方式，這是 Teddy 讀過解釋得最清楚的單一本書，推薦給有志讓軟體變軟的鄉民們。

**Teddy Chen**
部落格「搞笑談軟工」板主
2023 年 11 月 28 日

# 一版推薦序 | Teddy Chen

Teddy 在上課時常說:『擁抱 Clean Architecture 就好像跟一位有潔癖的人住在一起,保證你家裡會非常乾淨,但對於沒有潔癖的你而言,可能會覺得很煩。』保持環境整潔難不難?不難,但有紀律且有意識地隨時隨地保持乾淨,這就是一種修煉。

市面上探討 Clean Architecture 實作的書籍，與傳說中日本進口壓縮機一樣非常稀少，本書就是一本具有稀少性的書。

在薄薄的一百多頁內，書中探討實作 Clean Architecture 的重要設計細節，包含：使用案例介面設計（採用單一職責使用案例而不是過廣介面使用案例）、切分 package 的方式（先 package by feature 再 package by layer）、具體的使用案例實作參考、參數邏輯驗證與業務邏輯驗證的差別、貧血模型和充血模型對於使用案例的實作的影響、使用案例的輸出設計、唯讀使用案例（Query）的實作、物件跨層的對應方法（no mapping、one-way mapping、two-way mapping 與 full mapping），以及 Main Component 的撰寫方式。

對於想要在工作上落實 Clean Architecture 的讀者而言，這是一本值得一讀的好書。但讀者在閱讀本書時須注意以下兩點。首先，因為這本書很薄，雖然可以很快一窺 Clean Architecture 的實作面貌，但對於完全沒有學過 Clean Architecture 的讀者來說，如果期望光靠這本書就「徹底學會」它，恐怕有點難度。Teddy 建議搭配 Uncle Bob 的《*Clean Architecture*》，一本學理論，另一本學實作，兩本一起服用學習效果更佳。

其次，原文書的書名雖然是《*Get Your Hands Dirty on Clean Architecture*》，但作者的實作風格主要基於六角形架構（Hexagonal Architecture）並大量使用六角形架構的術語。例如，在第一版「第 3 章」（即第二版「第 4 章」）程式結構中使用的，就是 input port 與 output port 這些六角形架構的用語。不過，閱讀中文版的時候，Teddy 非常用力注意書中的細節，並與《*Clean Architecture*》書中的描述相互對照，Teddy 發現，Uncle Bob 在《*Clean Architecture*》圖 22.1 的右下方雖然使用 Use Case Input Port 以及 Use Case Output Port 這樣的用語，但是在圖 22.2 中又變成 Input Boundary 與 Output Boundary 了。也就是說，Clean Architecture 與 Hexagonal Architecture 在精神上是大同小異的，只是兩者所用的術語還是略有不同，讀者在閱讀這本書時，仍要特別留意。

雖然如此，Teddy 還是覺得書中關於設計取捨的論點講得非常清楚，也很合理，即使不完全採用，也值得參考。如果你讀書讀得很認真，看完這本書之後，對於 Clean Architecture 的實作方法真的會覺得具體很多。

Teddy 在上課時常說：『擁抱 Clean Architecture 就好像跟一位有潔癖的人住在一起，保證你家裡會非常乾淨，但對於沒有潔癖的你而言，可能會覺得很煩。』保持環境整潔難不難？不難，但有紀律且有意識地隨時隨地保持乾淨，這就是一種修煉。為什麼要保持乾淨？因為當你的軟體很髒，修改軟體的成本將隨著時間呈現指數成長，此時它就變成了硬體。

學會並落實此書中所教的方法，有助於你將手邊已經硬梆梆的軟體再次變軟。

**Teddy Chen**

部落格「搞笑談軟工」板主

2022 年 7 月 14 日

# 譯者審校序 | 錢亞宏

只有誠實地面對專案需求與團隊情況，根據當下條件選擇合適的
架構與方法論，並在開發與維護過程中保持敏捷的彈性，隨時回
頭審視、做出調整，以便因應業務領域在未來的任何變化，才能
逐步邁向業務目標。這就是軟體開發上的「風險管理」。

『投資一定有風險，基金投資有賺有賠，申購前應詳閱公開說明書。』

這是一句對台灣讀者來說，耳熟能詳的「有聲」標語。雖然大家一般都把它當作繞口令、比誰能更快講完的笑話來看，但卻切切實實地，講出了投資的重要核心觀念：風險管理。

風險，指的是在投資某種金融商品、做出某種策略、採用某個組合（模式）、決定一個方向時，所需要投入的「成本」。這個成本，可能是實質的金錢，可能是人力（交易平台、幫你管理的基金經理人等），也可能是非實質的時間（等待每月的收益、等待每年的分紅等），以及對未來發展的不確定性。而風險管理，就是每個人根據當下情況以及對自身未來的展望，評估在達到理財目標前，是否能夠承擔付出這些成本的能力。

別誤會，本書並非在教理財，但它確實在講「投資」。

開發軟體專案，最主要的目標就是達成各項功能性與非功能性需求，並「創造業務價值」；如同理財，目標就是要獲利。充斥於市面上的各式各樣開發方法論、架構風格、設計模式等，就像是各種金融衍生商品，性質、好壞各不同。而實作或採用這些方法論時，要付出的開發心力、時間、人力、共識、文件與流程的建立，以及可能對專案的短期或長遠負面影響，就是投資這些商品時，所需付出的「成本」──換句話說，也就是風險。

然而，我們往往都只看到方法論「保證獲利」的那一面，卻忽視了背後可能的風險，在不確定是否適合專案當前情況與未來展望、不知道能否承擔這些成本的狀況下，就決定投入。有如投資熱潮下的跟風，看到大家都在買，於是一股腦地趕流行，也不懂風險管理，最後可能因此虧本出場。付出了過多的開發成本、達不到原本預期的效益，還沒辦法創造業務價值。

因此，本書就像是 Clean Architecture 這項「商品」的「公開說明書」，裡面不會片面地宣傳優點，反而不斷、再三地強調，每種設計模式與架構風格都並非絕對，而是有其優劣、有其取捨──有適合的條件，也有不適合的情況。

Clean Architecture 本書譯作「整潔的架構」，也有人稱作「清晰架構」。其內涵，是以「合約精神」與明確的「邊界」樹立高牆，使任何依賴關係都無法一眼望穿或全知全能，以此讓專案中的各項組成能夠「各就其位、各安其份」，用整潔的結構達到清晰的效果，解除不必要的耦合，賦予可維護性的彈性。

但整潔的架構實作起來卻讓人感覺一點也不整潔。

不僅可能多了一堆介面檔案（interface），資訊交換時要多做許多的轉譯（translate），還可能要把原本一個方法（method）中就能做完的事情，多切成好幾個分開來；專案中要維護的檔案數量因此暴增成數倍是常有的事情。

貫穿書中主軸之一的六角形架構（Hexagonal Architecture），在本次第二版新增的章節內容中，作者便大方地坦承，雖然六角形架構能夠有效解決龐雜系統（big ball of mud，大泥球）的問題，並對「預期長久運行且業務不斷發展的系統」帶來長遠的可維護性效果，然而，對那些規模小、業務領域單純，或是時程緊急、短期存在、開發人力短少的專案來說，六角形架構會是一項成本不小又沒必要的負擔。

對於無法承擔這項「風險」的專案而言，作者也給出元件（模組）的另外一種方案，再次提醒了我們：軟體開發沒有萬靈丹。

只有誠實地面對專案需求與團隊情況，根據當下條件選擇合適的架構與方法論，並在開發與維護過程中保持敏捷的彈性，隨時回頭審視、做出調整，以便因應業務領域在未來的任何變化，才能逐步邁向業務目標。這就是軟體開發上的「風險管理」。

回到本文開頭的金融衍生商品比喻，這些開發方法論其實就如同基金，或現在流行的 ETF 這類投資組合，當中往往是結合了許多架構與設計模式的選擇。但也就像基金或 ETF 的內容不會一成不變，只要能夠幫助我們達到獲利的目標，裡面的組成大可以隨時更新、替換。

軟體開發方法論也是一樣——沒有任何方法論是能給出絕對保證的，也沒有任何架構是永遠不可或缺的。我們需要「詳閱公開說明書」並做好風險管理，才可以在軟體開發這條路上，走得長遠、穩健，並創造價值。

錢亞宏

2023 年 12 月 4 日

# 推薦序 | Gernot Starke

大多數的原始文獻並沒有說明「我們應該如何組織套件和程式碼」。Tom 的著作完美地填補了這個空白。他使用一個具體的範例，引導我們邁向一個具備高度可維護性又清晰的架構結構。

所謂的開發者樂園是這樣的：測試領域邏輯非常容易，模擬基礎設施和技術也輕而易舉，領域程式碼和技術程式碼清清楚楚地區隔開來，甚至從一種技術遷移至另一種技術也看似簡單。不再需要永無止境地討論，在程式碼的哪個部分應該實作明天業務人員會需要的這個棘手新功能。這就是 Clean Architecture（整潔的架構），而在你的旅途中，Tom 將成為你在這條路上的嚮導。

多年來，Clean Architecture 的基礎以不同的名稱出現在各式各樣的文獻紀錄當中，例如六角形架構（Hexagonal Architecture）、轉接埠與轉接器（Ports and Adapters）、洋蔥式架構（onion architecture）、整潔的架構等等。基本的概念看似簡單：在軟體內部，有分隔領域事物與技術事物的兩個同心圓。依賴關係向內流動，從技術流向領域。領域類別不得依賴於技術類別。

可惜的是，大多數的原始文獻並沒有說明「我們應該如何組織套件和程式碼」。Tom 的著作完美地填補了這個空白。他使用一個具體的範例，引導我們邁向一個具備高度可維護性又清晰的架構結構。

幫自己和同事一個忙，給 Clean Architecture 一個機會吧。我向你保證，你不會失望的！

**Gernot Starke**

德國科隆市（Cologne）

2023 年 6 月

從 1990 年代開始就是 pragmatic software architect（務實軟體架構師），

他也是 arc42 的創辦人、iSAQB 的共同創辦人和電腦阿宅

# 貢獻者

- 作者簡介
- 檢閱者簡介

# 作者簡介

**Tom Hombergs** 是軟體工程師、作家、奉行簡單主義的阿宅。複雜度就是他的死對頭（kryptonite，即超人的剋星與弱點「氪星石」），所以他致力於將複雜的東西簡化成容易消化的碎片。如果他能夠理解，那麼其他人也能夠理解。他簡化程式碼及文字，並撰寫讓人可以輕鬆閱讀的文章、書籍和開發文件。Tom 目前在澳洲雪梨的 Atlassian 工作，他負責 Atlassian 開發者使用的技術堆疊的 **DX（Developer Experience，開發者體驗）**。

# 檢閱者簡介

**Alexandros Trifyllis** 是擁有 15 年經驗的接案軟體工程師。他曾參與公共、私人和歐洲部門的大型企業級專案。

他的興趣範圍包括後端開發（Spring Boot）、前端開發（Angular），以及各種架構實踐（六角形／ DDD）。他也喜歡參與 DevOps 任務（AWS、Terraform 和 Kubernetes）。最後，在過去幾年裡，他對 **DX** 和 **DPE（Developer Productivity Engineering，開發者生產力工程）** 等議題產生了興趣，並經常思考如何使開發人員的工作更輕鬆愉快。

**Artem Gorbounov** 是對 Clean Architecture 懷抱熱忱的 Java 全端開發者，擁有 5 年的業界經驗。他目前在 OneUp 工作，專精於建置強健又可擴展（robust and scalable）的網頁應用程式。Artem 擁有 Amazon 的認證，證明了他在雲端運算技術方面的專業知識。他認為，真正的全端程式設計師應該對整個技術堆疊有全面的理解，從資料庫到基礎設施，並對應用程式架構有清晰的理解。

**Dr. Gernot Starke** 是軟體架構的教練和顧問，同時也是 INNOQ 研究員、arc42 和 iSAQB 的共同創辦人、aim42 的創辦人，以及 Sun Microsystems Object-Reality-Center 的前技術總監。他是個熱愛飲用防彈咖啡的電腦阿宅。

**Jonas Havers** 是接案全端軟體工程師，擁有超過 15 年的專業經驗，曾替國際電子商務公司服務。身為解決方案與應用程式架構師，他協助客戶設計並建置自訂的大型業務軟體系統，幫助他們迅速應對變化，在市場上取得更大的成功。他擅長使用各種工具、方法和程式語言，包括 Java、Kotlin 和 JavaScript。Jonas 經常解釋、討論並實作各種軟體設計和軟體架構，並樂於與他的專案團隊成員分享知識和經驗；他也是深受學生歡迎的大學客座講師，並熱愛與學生分享他所有的知識和經歷。

**Jörg Gellien** 協助新創公司團隊設計和開發現代化、高度可擴展的應用程式，以此達成合適的業務需求。他是軟體架構和 Java／Spring 開發的專家。對產品負起端到端的責任（end-to-end responsibility），以及採用以雲端為基礎的服務，這兩大信念是他工作的強大驅動力。

**Jo Vanthournout** 在 Java 開發和架構方面擁有近 20 年的經驗。他很幸運地能夠參與比利時最早期的極限程式設計（extreme programming）專案之一，並以此開啟他的開發者職涯。從那時候起，他就試著實踐並擁護敏捷開發的價值觀。Jo 對於 DDD 懷抱著濃厚興趣，並在日常工作中應用其原則和技術。他可能不會是團隊中最優秀的開發者，但他對問題領域（problem domain）擁有務實的全局觀（helicopter view，又稱直升機視野），會提出尖銳的問題，並能要求團隊成員堅持團隊價值觀，負起責任，這些都是你能信賴他做好的任務。他有很棒的妻子和兩個女兒。在不寫程式的時候，他喜歡到樹林中跑步、巡覽第二次世界大戰的戰場，或者與孩子們一起玩 Minecraft。

**K. Siva Prasad Reddy** 是軟體架構師，他在使用 Java 平台建置可擴展軟體系統這方面，擁有超過 18 年的經驗。

他是敏捷實踐的忠實信徒，並對軟體設計和架構採取務實的做法。他在 https://sivalabs.in 分享他的學習與想法。

**Lorenzo Bettini**（https://www.lorenzobettini.it）是義大利佛羅倫斯大學 DISIA 電腦科學的副教授。他的研究涵蓋了程式語言的設計、理論和實作，以及相關的 IDE 支援。

他是 90 多篇研究論文的作者，這些論文發表在國際會議和國際期刊上。他也是兩版《*Implementing Domain-Specific Languages with Xtext and Xtend*》的作者（Packt Publishing 出版），以及《*Test-Driven Development, Build Automation, Continuous Integration (with Java, Eclipse and friends)*》的作者（Leanpub 出版）。

**Maria Luisa Della Vedova** 是充滿熱忱的軟體開發者，致力於建立有意義且以使用者為中心的解決方案，持續學習與合作，以此對人們的生活產生積極影響。

**Matt Penning** 在過去的 30 年裡為眾多公司提供技術指導和軟體開發。他在「建立定義良好又創新的架構，用以解決真實世界的問題」這方面擁有豐富經歷。目前他在 Cisco Systems, Inc. 擔任高階技術領導人，並投身於 Java 微服務開發、軟體品質及開發者生產力等工作。

**Mike Davidson** 是資深開發者兼應用程式架構師。他與位於紐西蘭、加拿大和美國的新創公司以及金融機構合作，幫助他們建立可維護的、結構清晰的軟體。

**Octavian Nita** 把專業與興趣結合，在 Java 中已打滾超過 18 年，從語言實作和軟體自動化，到桌面與基於網頁的應用程式。他仍然非常享受這個過程。

他現在居住在布魯塞爾，這些日子以來，他幫助歐洲公共行政機構使用以「領域」為中心的架構風格，實作所謂的「企業級應用程式」（enterprise application）。

**Sven Woltmann** 從 Java 發展初期開始就一直是 Java 開發者。他是獨立開發者、教練及課程講師，專精於高度可擴展的 Java 企業級應用程式、演算法優化、Clean Code 與 Clean Architecture。他也會透過影片、電子報、部落格（HappyCoders.eu）分享他的知識。

**Thomas Buss** 是德國 codecentric 的 IT 顧問。他協助團隊降低軟體產品的複雜度，進而加速開發流程。他的主要語言（或專業起點）是 Java，不過他也喜歡研究其他的範式和程式語言。他也對領域驅動的建模（modeling）、無伺服器技術以及減少系統碳足跡的方法感興趣。此外，他很喜歡以「Star」為開頭的電視節目。

**Vivek Ravikumar** 目前是 PayPal India 的技術員工，他在開發企業級網頁應用程式這方面有將近 10 年的經驗。他曾在印度多所教育機構和大學舉辦多場研討會和講座，宣揚軟體開發生命週期的重要性與最佳實踐，指導學生並促進產業知識。

最近，他在首屆 Payara 全球黑客松中奪得冠軍，因此被 Jakarta EE、MicroProfile 和 Payara 平台認可為 legend，他的傑出表現讓他獲得了這項榮譽，他在建置企業級網頁應用程式方面表現出色。

**Wim Deblauwe** 是擁有超過 20 年經驗的接案 Java 開發者。他是《*Taming Thymeleaf*》和《*Practical Guide to Building an API Back End with Spring Boot*》的作者。他也建立並參與了各項開源專案，例如 error-handling-spring-boot-starter 和 testcontainers-cypress。

# 作者序

如果你拿起了這本書，那麼你一定在乎「你正在建置的軟體」的架構。你希望你的軟體不僅能滿足客戶的明確需求，還有那些隱藏的「可維護性」需求，以及你自己對於結構和美學的要求。

這些需求難以達成，因為軟體專案（或一般專案）通常不會按照計畫進行：管理者在專案團隊周圍設定了各種限期[1]、外部合作夥伴建置的 API 與他們承諾的不同，此外，我們依賴的軟體產品也未如預期般運作。

然後還有我們自己的軟體架構。一開始真的很棒。一切都很清晰且美好。但是，壓迫性的截止日期讓我們不得不採取偷吃步做法（也就是走捷徑）。現在，軟體架構中剩下的只有這些「偷吃步」，而且交付新功能的時間也變得越來越長。

如果我們的外部夥伴搞砸了，讓 API 出現問題且必須更改的話，這時，我們的「偷吃步」驅動架構，只會讓我們在做出反應時變得更加困難。乾脆派出我們的專案經理上戰場，直接與外部夥伴交涉，告訴他們快快提供我們已經達成共識的 API，還比較簡單一些。

現在，我們已經放棄對局勢的所有控制。很有可能，會發生以下幾種情況之一：

- 專案經理不夠強勢，無法在與外部夥伴的「戰鬥」中取得勝利。

- 外部夥伴找到 API 規格（spec）中的漏洞，證明他們是對的。

- 外部夥伴需要另外 < 輸入數字 > 個月來修復 API。

所有這些都導致同樣的結果——我們必須迅速更改我們的程式碼，因為截止日期迫在眉睫。

我們新增了另一個「偷吃步」。

---

1 deadline（截止日期或最後限期）這個詞可能源自 19 世紀，用來描述劃定在監獄或囚犯營周圍的界線。如果有囚犯越過這條線，將被射殺。下次有人在你身邊「劃出一條 deadline」時，想想這個定義……它必定會帶來新的觀點。參見 https://www.merriam-webster.com/wordplay/your-deadline-wont-kill-you。

與其讓外部因素主導我們軟體架構的狀態，本書的主張是「我們自己來掌控」。我們將透過建立一種使軟體變得柔軟（soft）的架構來獲得這個控制，也就是說，讓軟體變得更有「彈性」（flexible）、「可擴展」（extensible）和「可適應」（adaptable）。這樣的架構將讓我們更容易對外部因素做出反應，並減輕我們的壓力。

# 本書目標

由 Robert C. Martin（Uncle Bob）所提出的「整潔的架構」（Clean Architecture）以及由 Alistair Cockburn 所提出的「六角形架構」（Hexagonal Architecture），它們都是以「領域」為中心的架構風格（domain-centric architecture style）。市面上有許多探討這些架構風格的資源，然而，筆者之所以寫這本書，是因為我對這些現有資源的「實用性」（practicality）感到失望。

許多書籍和線上資源解釋了有價值的概念，但它們並未說明我們應該如何實際進行實作。

這可能是因為實作任何架構風格的方法不止一種。

藉由本書，筆者試圖填補這個空白，提供關於如何以「六角形架構」或「轉接埠與轉接器」（Ports and Adapters）風格建立「網頁應用程式」的實用程式碼討論。為了達到這個目的，筆者使用本書的範例程式碼和概念，來呈現我對於「如何實作六角形架構」的理解。當然，這方面肯定有其他的解釋，我不會宣稱我的詮釋是最具權威性的。

然而，筆者確實希望讀者可以從本書的概念中獲得一些靈感，讓你能建立自己對於「六角形／整潔的架構」的解釋。

# 目標讀者

本書的目標讀者是所有的軟體開發者，尤其是那些曾經參與過網頁應用程式開發的人。

如果你是一位初階開發者，你將學習如何以「整潔又可維護的方式」設計軟體元件，並完成應用程式。你將了解「何時應該使用某種技術」的一些論點。不過，為了從本書獲得最佳的學習效果，建議讀者需要具備一定的網頁應用程式開發經驗。

如果你是一位資深開發者，你會在比較「本書的概念」與「你自己的做事方式」時獲得不少樂趣，我希望，你會將其中的一些內容結合到你自己的軟體開發風格當中。

本書的範例程式碼是以 Java 和 Kotlin 編寫的，雖然如此，如果讀者本身並非 Java 程式語言的開發者，卻有其他物件導向程式語言的開發經驗，應該也不會感到困擾。只是其中還是會有幾處僅限定於 Java 程式語言開發環境，或是與特定框架技術相關的議題，屆時本書會再仔細向各位讀者說明。

# 範例應用程式

本書會以一份名為 BuckPal[2] 的線上轉帳服務網頁應用程式作為範例，講解書中所提到的各種概念。

BuckPal 應用程式允許使用者註冊帳戶、在帳戶之間進行資金轉帳，以及查看帳戶上的活動（存款和提款）。

筆者絕非財務專家，所以請不要根據法律或功能的正確性來評價這份範例程式碼。反之，請根據結構和可維護性來評判它。

軟體工程書籍和線上資源等範例應用程式的挑戰在於，它們過於簡單，無法凸顯出我們每天都要面對的實際問題。然而另一方面，一個範例應用程式又必須保持足夠簡單，才能有效地傳達所討論的概念。

我希望本書在討論 BuckPal 應用程式的使用案例時，找到了「過於簡單」和「過於複雜」之間的平衡。

---

2　上網快速搜尋一下，我發現有一家名為 PayPal 的公司竟然偷走了我的點子！開開玩笑啦～你也可以試著找找看，一個與 PayPal 相似的名稱，但又不是一間已經存在的公司。這真的很有趣！

讀者可以從 GitHub³ 下載這份範例應用程式的程式碼。

# 下載彩色圖片

這裡有一個 PDF 檔案，其中包含本書使用的螢幕畫面截圖及彩色圖表，讀者可以在此下載⁴。

# 讀者回饋

如果各位讀者對本書有任何想法或意見，歡迎與筆者聯繫。請來信：tom@reflectoring.io，或透過 Twitter 聯絡：https://twitter.com/TomHombergs。

**一般回饋**：如果你對本書的任何方面有疑問，請發送電子郵件到 customercare@packtpub.com，並在郵件的主題中註明書籍名稱。

**提供勘誤**：雖然我們已經盡力確保內容的正確性與準確性，但錯誤還是可能會發生。若你在本書中發現錯誤，請向我們回報，我們會非常感謝你。勘誤表網址為 www.packtpub.com/support/errata，請瀏覽它並填寫回報表單。

**侵權問題**：如果讀者在網路上有發現任何本公司的盜版出版品，請不吝告知，並提供下載連結或網站名稱，感謝您的協助。請寄信到 copyright@packt.com 告知侵權情形。

**著作投稿**：如果你具有專業知識，並對寫作和貢獻知識有濃厚興趣，請參考 http://authors.packtpub.com。

---

3　下載範例程式碼：https://github.com/thombergs/buckpal。

4　下載彩色圖片：https://packt.link/eBKMn。

# 讀者評論

我們很樂意聽到你的想法！當你使用並閱讀完這本書時，何不到 Packt 官網和本書的 Amazon 頁面分享你的回饋？

對於我們和技術社群來說，你的評論非常重要，它將幫助我們確保我們提供的是優質的內容。謝謝您！

# 3 依賴反轉 23

# 4 程式結構 35

# 5 使用案例實作     45

# 6 網頁層轉接器實作     65

# 7 儲存層轉接器實作　77

# 8 架構測試　95

# 13

## 管理多個 Bounded Context　　167

# 14

## 以元件為基礎的軟體架構方法　　177

# 15

## 選擇你的架構風格　　189

# 1

# 可維護性

- 可維護性是什麼意思？
- 可維護性能夠實現功能性
- 可維護性帶來開發者樂趣
- 可維護性能支援做出決策
- 維護可維護性

本書是關於軟體架構的。架構（architecture）的其中一個定義是「系統（system）或流程（process）的結構」。在我們的案例中，它是軟體系統的結構。

架構是「有目的（purpose）地設計這種結構」。我們有意識地設計我們的軟體系統，以符合某些需求。軟體應滿足一些功能性需求（functional requirement），才能為使用者創造價值。沒有功能，軟體是毫無價值的，因為它無法創造價值。

軟體應滿足一些**品質需求（quality requirement，或稱非功能性需求（non-functional requirement））**，才能被使用者、開發者和利害關係人視為高品質（high quality）。**可維護性（maintainability）**就是其中一種品質需求。

如果我說，從某個角度來看，「可維護性」這個品質屬性比「功能性」還來得重要，而且我們甚至應該看重軟體設計的「可維護性」凌駕於所有一切，你會有什麼想法？一旦我們確立「可維護性」是一項重要品質的共識，我們將在本書的其餘部分深入探討，我們如何應用 Clean Architecture 和六角形架構的概念來改進軟體的可維護性。

# 可維護性是什麼意思？

在你把我當作喃喃自語的瘋子並開始考慮退換本書之前，讓我解釋一下，我所謂的「可維護性」是什麼意思。

「可維護性」只是構成軟體架構的眾多品質需求之一。筆者詢問了 ChatGPT，要求一份品質需求清單，而這是結果：

- 擴展性（Scalability）

- 靈活性（Flexibility，又譯彈性）

- 可維護性（Maintainability）

- 安全性（Security）

- 可靠性（Reliability）

- 模組化（Modularity）

- 效能（Performance）

- 可互通性（interoperability）

- 可測試性（Testability）

- 成本效益（Cost-effectiveness，又譯成本有效性）

這份清單還不是全部[5]。

身為軟體架構師，我們設計我們的軟體，以滿足對於該軟體來說「最重要的品質需求」。針對高吞吐量（high-throughput，又譯高通量）的交易應用程式（trading application），我們可能會專注於「可擴展性」和「可靠性」。而在德國，針對處理個人身分識別資訊的應用程式，我們可能需要著重於「安全性」。

筆者認為將「可維護性」與「其它的品質需求」混為一談是不正確的，因為「可維護性」有其特殊性。如果軟體是可以維護的，那就意味著它容易改變。如果它容易改變，那麼它就是「靈活」（有彈性）的，且可能是「模組化」的。這也可能是有「成本效益」的，因為容易改變意味著變更的成本不高。如果它是可以維護的，我們或許可以讓它演變成可擴展、安全、可靠，且效能優異（如果需要的話）。我們可以改變軟體，使其與其他系統具有「可互通性」，因為它很容易改變。最重要的是，「可維護性」代表「可測試性」，因為可維護的軟體很可能是由「更小且更簡單的元件」設計而成的，這讓測試變得容易。

發現什麼了嗎？向 AI 詢問的那份品質需求清單，全部都與「可維護性」有關。我可以用更多顯然合理且可信的論點，將更多的品質需求與「可維護性」關聯起來。當然，這有點過於簡化，但其核心論點是實實在在的：如果軟體具有「可維護性」，就更容易朝任何方向演變（演進），無論是功能性還是非功能性的。而我們都知道，在軟體系統的生命週期當中，變更是很常見的。

---

5　如果需要一些關於軟體品質的靈感（由人類建立而非語言模型提供），請參閱 https://quality.arc42. org/。

# 可維護性能夠實現功能性

現在讓我們回到本章開頭的論點，即「可維護性」比「功能性」更為重要。

如果你問產品人員，在軟體專案中什麼是最重要的，他們會告訴你，軟體為其使用者提供的價值（value）是最重要的事情。不為其使用者提供價值的軟體，意味著使用者不會買單。沒有付費的使用者，我們就沒有可行的商業模式，而這是商業世界中「成功」的主要衡量標準。

所以，我們的軟體需要提供價值。但是它不應該為了提供價值，而以「可維護性」作為代價[6]。想想看，在一個你可以輕鬆變更的軟體系統中添加功能，相較於一個你必須逐行與程式碼搏鬥的軟體系統，效率和成就感會有多大的不同！我很確定，讀者一定參與過那樣的軟體專案，其中有太多的雜訊和繁複的儀式，以致於要建置一個「你認為只需要幾小時就能完成的功能」，卻需要花費數天甚至是數週的時間。

以這種方式來看，「可維護性」是「功能性」的主要支持者。可維護性不佳，意味著隨著時間的推移，功能性的變更成本只會越來越高，如圖 1.1 所示：

---

6　在本書的脈絡中，筆者將「可維護性」與「code base 的可變更性」視為同義詞。另請參見 https://quality.arc42.org/qualities/maintainability，這個網頁提供了一些關於可維護性的定義（所有這些定義都與軟體變更有關）。

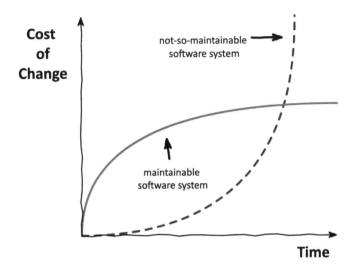

圖 1.1：「易於維護的軟體系統」，其生命週期成本（lifetime cost）低於「不太容易維護的軟體系統」。

在一個可維護性不佳的軟體系統中，功能變更的成本很快就會變得如此昂貴，導致變更成為一種痛苦。產品人員會向工程師抱怨變更成本。工程師則會辯護說，「推出新功能」一直都是優先於「提高可維護性」。隨著變更成本的增加，衝突的可能性也會跟著提升。

可維護性就像是一種潤滑劑。它與變更成本成反比，因此，它也與衝突的可能性成反比。你有沒有想過增強軟體的可維護性，以避免衝突？我認為那本身就是一項很好的投資。

然而，那些儘管可維護性差，卻仍能取得成功的「大型軟體系統」，又該怎麼辦呢？事實上，市面上的確存在一些幾乎難以維護卻營運成功的軟體系統。我曾在這樣的系統中工作，光是要新增一個欄位到表格中，就是一項耗費開發者數週時間的專案，而客戶樂意為我的時間支付高額費用。

這些系統通常屬於以下一種（或兩種）情況：

- 它們接近生命週期結束，系統幾乎很少（或不再）進行變更。

- 它們由財務狀況良好的公司支援，該公司願意投資大筆金錢，以解決問題。

即使在一家公司擁有大量資金可以花費的情況下，該公司也會意識到，他們可以透過投資「可維護性」來降低維護的成本。所以，通常已經有一些措施正在進行，以使軟體更具可維護性。

我們應該持續關心「我們正在建置的軟體」的可維護性，以免它變成令人避之唯恐不及的一團**大泥球（big ball of mud，即龐雜系統）**。如果我們的軟體不屬於前面提到的兩種情況之一，我們就更應當關心。

這是否意味著，我們在開始寫程式之前，需要花費大量時間來規劃一個可維護的架構？我們需要進行常被認為是一種瀑布式開發方法的 **BDUF（big design up front，前期大設計）**嗎？不，我們不需要。但是，我們確實需要做**一些前期設計（some design up-front，或許我們應該稱之為 SDUF？）**，藉此在軟體中種下一顆「可維護性」的種子，隨著時間的推移，這可以讓架構在需要的時候更容易演進。

前期設計（up-front design）的其中一部分，就是選擇一種架構風格，來定義「我們正在建置的軟體」的設計方向。本書將幫助你決定 Clean Architecture（或是轉接埠與轉接器／六角形架構）是否適合你的情境。

# 可維護性帶來開發者樂趣

身為開發者，你寧願在「容易進行變更的軟體」上工作，還是在「變更很困難的軟體」上工作？不用回答，這是個（不需要回答的）反問句。

除了直接影響變更成本之外，「可維護性」還有另一個好處：它能讓開發者感到快樂（或者，取決於他們正在進行的專案，至少可以讓他們不太沮喪）。

筆者想以**開發者樂趣（developer joy）**的術語來描述這種快樂。它也被稱為**開發者體驗（developer experience）**或**開發者賦能（developer enablement）**。無論我們稱其為什麼，它意味著我們提供開發者所需的情境（context），讓他們能夠做好他們的工作。

開發者樂趣與開發者生產力（developer productivity）密切相關。一般來說，如果開發者感到快樂，他們的工作表現會更好。而如果他們的工作表現良好，他們也會更快樂。開發者樂趣和開發者生產力之間存在著雙向的相關性（correlation）：

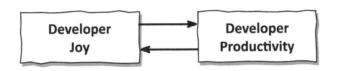

圖 1.2：開發者樂趣影響開發者生產力，反之亦然。

SPACE 框架提出了這種相關性，用以衡量開發者生產力[7]。雖然 SPACE 並未提供一個簡單的答案，來告訴我們如何衡量開發者生產力，但它提供了五個類別的衡量指標（metric），作為衡量開發者生產力的依據，讓我們可以根據需求選擇其中一些（或全部），來全面評估開發者生產力在公司和專案等不同方面的表現。其中一個類別（**SPACE 中的 S**）是**滿意度和幸福感（satisfaction and well-being）**，在本章中，我將其翻譯為「開發者樂趣」。

開發者樂趣不僅能提高生產力，自然而然也會提高留任率（retention）。享受工作的開發者會留在公司中。換句話說，不喜歡他們工作的開發者更有可能離開，去尋找更好的機會。

那麼，「可維護性」在哪裡呢？ Well，如果我們的軟體系統具有可維護性，我們需要用來實作變更的時間就會減少，因此我們將更有生產力。此外，如果我們的軟體系統

---

7　由 Nicole Forsgren 等人撰寫的《*The SPACE of Developer Productivity*》，於 2021 年 3 月 6 日發表。「SPACE」代表滿意度和幸福感、表現（performance）、活動（activity）、溝通和協作（communication and collaboration），以及效率和流程（efficiency and flow）。參見 https://queue.acm.org/detail.cfm?id=3454124。

具有可維護性，我們在進行變更時會找到更多樂趣，因為它更有效率，我們也更有自信。即使我們的軟體可維護性可能跟預期有落差（老實說，一直以來都是這樣），但如果我們有機會隨著時間改善可維護性，我們會更快樂，也更具生產力。而我們感到快樂，我們將更有可能留下來。

它看起來就像這樣，如圖 1.3 所示：

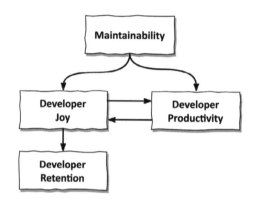

圖 1.3：可維護性直接影響開發者樂趣與生產力，而開發者樂趣又影響留任率。

# 可維護性能支援做出決策

在建立軟體系統時，我們每天都在解決問題。對於我們遇到的大多數問題，都有不止一種解決方案。我們必須做出決策，選擇其中一種解決方案。

我們該複製這段程式碼，來建立我們的新功能嗎？我們要自己建立物件，還是使用依賴注入框架？我們應該使用重載建構子（overloaded constructor，又譯多載建構子）來建立這個物件，還是應該建立一個產生器（builder）？

許多這樣的決定，我們甚至都不是有意識地做出的。我們僅憑直覺，套用我們曾經用過、認為在當下情況或許可以行得通的模式或原則，例如：

- 發現程式碼重複（code duplication）時，應用 **DRY（don't repeat yourself，不要重複自己）**原則。

- 使用**依賴注入（dependency injection）**，使程式碼更具可測試性。

- 引入一個**產生器（builder，又譯建造者）**，使物件的建立更簡單。

如果我們觀察這些以及許多其他著名的模式，它們的效果（effect）是什麼呢？在許多情況下，主要的效果是它們使未來的程式碼更容易變更（也就是說，它們使它更易於維護）。可維護性已經內建於我們每天自動做出的許多決策當中！

即使在無法套用罐頭模式（pre-canned pattern，即預先準備的模式）的情況下，面對更困難的決策時，我們也可以利用這個原則：『每當我們需要在多種選項之間做出抉擇時，我們可以選擇未來更容易修改程式碼的那一個。』[8] 不再需要為不同的選項感到苦惱。我們只需選擇最能提高可維護性的選項。如圖 1.4 所示，這非常簡單：

圖 1.4：可維護性影響我們做出決策。

如同大多數的原則，這當然只是一種概括。在特定情境下，正確的決定可能是選擇那些不提升可維護性（甚至是降低可維護性）的選項。但作為一個預設的、可以有所依據的規則，選擇提升可維護性仍是「簡化」日常決策的一項可靠指引。

---

8　在 2022 年的一場同名演講中，(Pragmatic) Dave Thomas 將「根據可變更性（changeability）來做決策」的原則命名為「One Rule to Rule Them All」（直譯為「統御一切的一條規則」）。我在網路上沒有找到這場演講，但我希望未來他能把將它放到他的網站上。請參見 https://pragdave. me/talks-and-interviews.html。（【編輯註】有興趣的讀者也可搜尋這個 YouTube 影片「One Rule to Rule Them All • Pragmatic Dave Thomas • YOW! 2022」：https://www.youtube.com/ watch?v=QvK3Pxmwcyc。）

# 維護可維護性

好吧，我假設你相信我，即可維護性對開發者樂趣、生產力和決策能力有積極的影響。但我們如何知道，對 code base（程式庫）所做的更改會不會增加（或至少不會降低）可維護性？我們如何隨著時間管理可維護性呢？

這個問題的答案是建立並維護一種架構，使得建立「可維護的程式碼」變得容易。一個良好的架構讓瀏覽 code base 變得容易。在一個易於瀏覽的 code base 中，修改既有功能或添加新功能簡直易如反掌。應用程式元件之間的依賴關係清晰且不混亂。總結來說，良好的架構提升了可維護性：

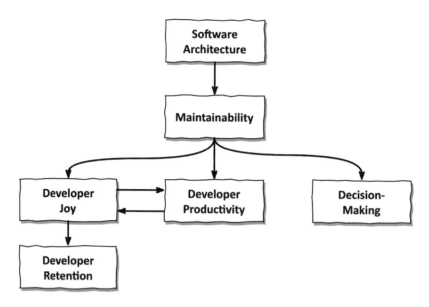

圖 1.5：軟體架構影響可維護性。

進一步來說，優良的架構能提升開發者樂趣、開發者生產力、開發者留任率，以及決策能力。我們可以繼續找出更多直接（或間接）受到「軟體架構」影響的事物。

這種相關性意味著我們應當深思熟慮，即我們如何組織程式碼的結構。我們如何將程式碼檔案分組為元件？我們如何管理這些元件之間的依賴關係？哪些依賴關係是必要

的，哪些應該避免，以保持 codebase 易於變更？這讓我們進入了本書的主軸。本書展示了一種讓程式碼容易維護的結構。本書描述的架構風格是實作 Clean Architecture ／六角形架構的一種方式。然而，這種架構風格並非解決「建置軟體的所有問題」的萬靈丹。正如「第 15 章，選擇你的架構風格」所述，並不是所有種類的軟體應用程式都適合使用它。

筆者鼓勵讀者利用從本書學到的知識，將它們付諸實踐，嘗試這些想法，修改它們，讓它們適應你的需求，然後將它們加入到你的工具箱內，並在特定的情境中靈活運用它們。後續的每一章，最後都會有一個「如何讓軟體邁向可維護性的目標？」小節。這個小節將總結每一章的主要觀點，我希望這能幫助你，在目前或未來的軟體專案中做出適宜的架構決策。

# 2

# 階層式架構的問題點

- 資料庫驅動設計
- 在階層中偷吃步
- 難以執行的測試
- 使用案例不知影
- 平行分工的困難
- 如何讓軟體邁向可維護性的目標？

各位讀者可能都有過開發「階層式（網頁或非網頁）應用程式」的經驗，甚至有可能現在手上的專案就是這種類型。

階層式開發的思考模式，已經透過各種資訊工程的課程、教學，以及許多所謂的「最佳實務經驗」等等，深入到我們骨髓當中。市面上也有許多以此為主的專書[9]：

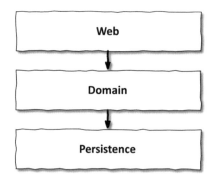

圖 2.1：傳統上是由網頁層（Web）、領域層（Domain）和儲存層（Persistence）構成網頁應用程式的階層架構。

圖 2.1 是以高階視角展示的傳統三層式架構，其中包括網頁層、領域層與儲存層。**網頁層**負責接收網路請求，然後再轉交給**領域層**（或稱業務領域層）[10]中的服務。這些服務承擔業務領域知識，並且呼叫、利用**儲存層**中的元件，藉以查詢或修改領域實體的狀態。

各位讀者知道嗎？階層式架構（Layered Architecture）其實十分可靠！只要正確實作的話，便能妥善地將「領域邏輯」與網頁層和儲存層的依賴關係解耦合，在不影響領域邏輯的情況下，自由地抽換網頁層或儲存層的實作技術，進而達到不影響既有功能卻又能加入新功能。

---

9　例如《*Software Architecture Patterns*》，Mark Richards 著，O'Reilly 出版，2015 年。

10 domain 與 business：在本書中，我將「領域」和「業務」這兩個詞彙視為同義詞。領域層、業務領域層或業務層是程式碼中解決業務問題（business problem）的地方，與解決技術問題（technical problem）的程式碼相反，例如將事物儲存（persist）到資料庫中或處理網路請求。

在這樣良好的階層式架構下,可以一邊保持技術選項的彈性,又能一邊快速適應不斷變化的需求與外部因素(例如我們的資料庫供應商一夜之間將價格翻倍)。良好的階層式架構是可維護的。

等等,那這樣還會有什麼問題點嗎?

就筆者經驗而言,階層式架構很容易受到變更的影響,這讓維護變得困難。它讓不良的依賴關係趁隙而入,使得軟體隨著時間推進卻越來越難以修改。階層式架構並未提供足夠的防護措施,無法保持架構的正軌。我們必須極度仰賴自身的勤奮與自律,才能確保其可維護性。

至於為何如此,請容筆者娓娓道來。

# 資料庫驅動設計

根據階層式架構的定義,傳統三層式架構的最底層就是一個資料庫。從上到下,網頁層依賴於領域層,而領域層又依賴於儲存層,也就是所謂資料庫的部分。但這種所有東西都奠基於儲存層之上的情形,從各種角度上來看都會造成問題。

這裡暫且先退一步思考一下,究竟這一切努力,是想要在我們所開發的應用程式上達到什麼目標?之所以要建立這些規則或稱「原則」的模型,最主要就是為了管理業務,使客戶或用戶能夠與之更容易互動。

而建模的主要對象則是行為(behavior),不是狀態(state)。雖然對所有應用程式來說狀態都是很重要的事情,但行為才是導致這些狀態改變的原因,並且是業務的驅動力!

既然如此,為何整個架構最底層的基礎是「資料庫」而不是「領域邏輯」呢?

回想一下,最近一次你在應用程式中實作的使用者情境。開發時,你是從領域邏輯層開始的?還是從儲存層開始的呢?通常最可能的是先考慮了資料庫的結構,然後才在此基礎之上實作領域邏輯。

由於傳統階層式架構的依賴關係（dependency），這樣做基本上是合理的。但是如果改從業務觀點來看的話，則是一點都不合理！領域邏輯的實作應該要優先於其他任何事項！因為這樣才能確保對業務領域的理解是正確的，而只有在正確實作領域邏輯的前提下，才應該再去實作網頁層與儲存層。

而且在這種以資料庫為中心的架構中，主要依靠使用所謂的 **ORM（object-relational mapping，物件關係對應）**框架來作為驅動力。這樣講並不是反對這類框架，反之，筆者自己就熱愛並時常用到這些框架。但要是把「ORM 框架」與「階層式架構」結合起來，就很容易落入把「業務規則」與「儲存層觀點」混淆在一起的陷阱：

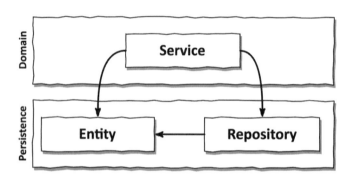

圖 2.2：在領域層中使用資料庫實體（database entity），會導致兩個架構層的緊密耦合（strong coupling）。

一般來說，我們會將「ORM 管理的實體」視作儲存層的一部分，就如圖 2.2 所示。而既然每個架構層都被允許存取下層的架構層，那麼自然而然地，領域層就能存取這些實體，換句話說，也就是去「使用」這些實體。

這樣一來，領域層跟儲存層之間就形成了緊密耦合關係，而儲存模型（persistence model）就這樣被當成了業務領域模型，在服務中使用，到最後，服務的職責不僅僅是負責領域邏輯，也包括了預先載入（eager loading）與延遲載入（lazy loading）、資料庫交易、更新快取等等雜務 [11]。

---

11 在 Martin Fowler 的開創性著作《*Refactoring*》中（Pearson 出版社，2018 年），他稱這種症狀為「Divergent Change」（譯為發散式修改或發散式變化）：也就是說，必須更改看似無關的程式碼部分，只為了實作單一功能。這是一種程式碼壞味道（code smell），後續應觸發重構。

這導致「儲存程式碼」（persistence code）等同於融入到了「領域程式碼」（domain code）當中，彼此緊密相關、無法單獨修改其中之一卻又不去影響到另一個。這與架構設計的目標（也就是「保持技術選項的彈性」）正好背道而馳。

# 在階層中偷吃步

在傳統的階層式架構中，唯一的鐵律就是一個架構層只能存取該架構層的元件，或是下層架構層中的元件。雖然開發團隊可能會自己另外訂立一些規則，甚至有些是因為使用工具而被強加上去的規則，但若回歸到階層式架構的原始設計上，這些規則其實並沒有在設計中被強加給我們。

換句話說，如果我們想要存取某個原本在上層架構層中的元件，只要把元件推向下層架構層，自然就可以被允許存取了。萬事大吉。或許讀者會覺得偶爾為之並不為過，可是一旦跨過這條界線，很容易就會有第二次、第三次的出現。更不用說團隊裡面不只你一個人，只有自己也就算了，如果其他人不夠謹慎的話呢？

這裡並不是在輕視各位開發者，覺得你們就是一群動不動想「偷吃步」（shortcut，或稱走捷徑）的人。但只要有這種可能性存在，就無法排除有人會這麼做，尤其是當工作限期越來越接近的時候。而一旦開了先例，我們就會發現，接下來第二個人、第三個人選擇這樣做的機率將大幅提升，這在心理學上被稱作**破窗效應（Broken Windows Theory）**。之後在「第 11 章，理性看待偷吃步」中我們會對此有更多討論：

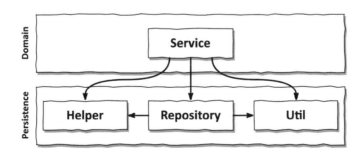

圖 2.3：既然儲存層中的元件都可以被允許存取，很容易就會越來越肥大。

於是，這個軟體專案在經過多年的開發與維護之後，儲存層很有可能到最後會變成如圖 2.3 那樣的窘境。

每當我們把元件往下層架構層推去時，儲存層（或者任何在最底層的架構層）就會隨之增大。一般最常見的這類元件會是如 helper（輔助元件）或 util（工具元件）等等，因為從表面上來看，這些元件似乎歸屬在任何架構層都可以。

因此，如果想要防止這類「偷吃步」出現在架構中，顯然階層式架構不是最好的選擇；至少，在不額外加上一些規則作為強制的情況下是如此。這邊的「強制」指的也不是資深工程師在程式碼審查時的原則，而是那種「只要違反了規則就會導致建置失敗」的程度。

# 難以執行的測試

在階層式架構中的一種常見轉變，就是省略了其中一些架構層。舉例來說，當我們單純只想操作（manipulate）某個**實體（entity）**中的單一欄位時，就有可能會想要跳過領域層，直接從網頁層對儲存層做存取。很容易這樣想對吧？

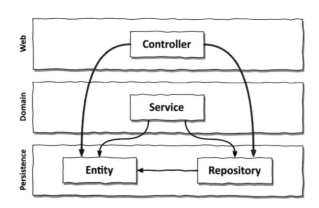

圖 2.4：跳過領域層的做法，容易讓領域邏輯（domain logic）散落各處。

圖 2.4 顯示我們如何跳過領域層，直接從網頁層存取儲存層。

再一次地，剛開始偶爾為之時，你可能感覺這沒什麼，但隨著次數增多（當某人打破第一次，很快就會有下一次），很快就會出現兩個問題。

第一個問題是，即使只是操作欄位這麼單純的動作，其實也等於是把領域邏輯實作在網頁層中。要是將來這種情形越來越多怎麼辦？於是我們就會發現，網頁層中出現越來越多的領域邏輯，不僅使職責混淆，而且還讓領域邏輯散落在應用程式各處。

第二個問題是，當要測試網頁層時，我們需要管理的，就不只是領域層的依賴關係，還有儲存層的依賴關係；此外，我們需要模擬（mock）的，就不僅是領域層，還需要模擬儲存層才行。這提高了單元測試（unit test）的複雜度。而一旦需要複雜的測試，最後就容易讓人放棄，乾脆不測試了，因為根本沒那種時間與心力。隨著時間過去、網頁層的元件增長變化，這種對儲存層各種元件的依賴關係會日漸累積，單元測試的複雜度也逐步上升。直到有一天，你會發現許多時間與心力都被耗在釐清與模擬這些依賴關係上，而非編寫測試程式碼。

# 使用案例不知影

身為開發者，我們當然比較喜歡實作新的使用案例需求、開發新的程式碼。然而實際上，比起新的開發，我們大多數時候都在修改既有的程式碼。這種情形不僅是會發生在那些存在了幾十年的老舊既有專案上，即使是全新開發（greenfield）的專案也是如此——任何第一次出現的使用案例在實作過後，接下來都是回頭修改既有程式碼了。

既然要常常對既有的 code base（程式庫）做搜尋，以便找到適合的位置來增加或是修改功能，那麼在架構設計上最好能夠幫助我們快速地決定這件事情。階層式架構在這方面的表現又是如何呢？

前面有提到過，在階層式架構中很容易出現領域邏輯散落各處的現象，比方說，當我們「貪圖方便」打算跳過領域層時，就會讓領域邏輯出現在網頁層中。或是，當我們想要把某個元件下推到儲存層，好讓領域層與儲存層都能存取時，也會讓領域邏輯出現在儲存層中。這種情形會使得在要加入新功能時，決定實作的歸屬位置越加困難。

還不止如此。由於階層式架構的設計不會對領域服務的「廣度」做出限制，因此隨著時間過去，就有可能會出現如圖 2.5 所示，這種承擔了許多使用案例、職責包山包海的服務：

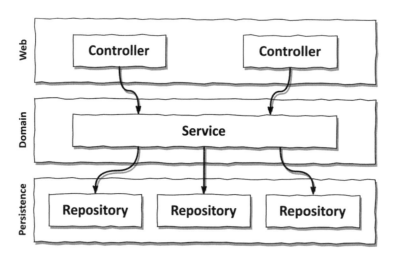

圖 2.5：很難在一個包山包海的服務中找到某個特定的使用案例。

在一個「過廣」的服務中，存在著許多對儲存層的依賴關係，相對地，也有許多來自網頁層元件的依賴關係。這不僅使得服務難以測試，也會讓我們在修改使用案例時，難以找到想要處理的這個服務。

反過來說，要是每一個領域服務都僅承擔某種使用案例的職責，使其專業化、窄化的話，找起來就簡單多了。舉例來說，我們不用在一個肥大的 UserService 中到處找尋負責「使用者註冊」的使用案例實作；我們只要直接打開 RegisterUserService 就可以開始修改了。

# 平行分工的困難

主管通常會要求我們在一定的限期之內，完成對軟體專案的開發。雖然除了限期之外往往還會加上對開發成本的限制就是了……不過這邊暫且先把成本的事情放到一旁。

撤除在筆者的軟體工程師職業生涯中，從未見過真正意義上的「完工」軟體不說，要求一個專案在特定的限期之內完成，往往代表著需要多人的平行分工（work in parallel）。

即便沒有讀過《人月神話：軟體專案管理之道》，你可能也聽過本書中的知名結論：『在一個時程已經落後的軟體專案中增加人手，只會讓它更加落後』[12]。

這個結論某種程度上也適用於那些尚未延遲的軟體專案，因為從各種方面來說，50 名開發人員所能貢獻的進度，並不會是「10 名開發人員團隊的 5 倍」這麼簡單。如果是一個可以被分割為多個軟體子專案的超大型應用程式，那麼或許還可以透過多個子團隊來達成，但是在多數的情況下，這些人或團隊之間，只會彼此絆手絆腳而已。

不過，在一定的合理範圍內，我們當然還是可以期望越多人參與專案、進度就越快，主管這樣想是沒錯的。

為此，我們就需要可以支援平行分工作業的架構設計，但這並不容易，更不用說階層式架構對此幫不上忙了。

想像一下，我們正要往應用程式中加入新的使用案例，而手邊有三名可用的開發人員。於是自然而然地，一人負責新需求的網頁層、一人負責領域層、一人負責儲存層的開發工作，對吧？

但在階層式架構中並不是這樣的。由於所有東西都是以儲存層為基礎，所以不管如何，都必須要先開發儲存層才行，然後是領域層，最後才能是網頁層。結果到最後，同一時間只能有一名開發人員在工作！

那有讀者會說，我們可以先定義好介面，然後所有開發人員都針對這些介面進行開發，這樣就不需要等待實作開發完成才能繼續往下工作了，不是嗎？

---

12 英文書名是《The Mythical Man-Month: Essays on Software Engineering》，意指對「人月」管理方式的迷思，Frederick P. Brooks, Jr. 著，Addison-Wesley 出版，1995 年。（【編輯註】譯文參考《人月神話：軟體專案管理之道》，經濟新潮社，第 47 頁。）

這當然是有可能的，但前提是我們沒有落入前述的「資料庫驅動設計」的陷阱，也就是把儲存層的程式邏輯與領域邏輯混淆在一起，導致這兩者無法獨立分開作業。

而要是 code base 中存在那種過廣的服務，也可能為同時開發不同的功能帶來困難。因為這樣一來，就要同時去修改與編輯同一個服務，這可能會在合併時導致大量的衝突出現，甚至需要回到前幾個版本才能解決。

# 如何讓軟體邁向可維護性的目標？

要是讀者曾經實作過階層式架構的話，想必對本章中所提及的某些問題不陌生，甚至還可以舉出更多階層式架構會遇到的問題。

當然，要是正確實作，甚至進一步地加上額外的規則限制，階層式架構也可以擁有很高的可維護性，讓我們能輕鬆地對 code base 進行功能修改與新增。

然而透過本章的討論，我們也發現，階層式架構非常容易讓事情出錯。如果沒有嚴格地設下自我限制，就會隨著時間進展，逐漸退化、降低其可維護性。退一步來說，就算有嚴格限制，但隨著每一次主管把開發團隊的限期越拉越緊，甚至每當有團隊成員轉入或轉出團隊時，這種限制就會越來越鬆動。

把這些階層式架構的陷阱牢記在心，後續在其他架構設計與階層式架構設計之間做討論時，我們將更容易在「使用了偷吃步的解決方案」和「打造更具可維護性的解決方案」之間做出選擇。

# 3

# 依賴反轉

既然在前一章中，我們才剛對階層式架構那樣大力批判過，那麼從這一章開始，當然就會討論其他的替代方案。首先要介紹的，就是「單一職責原則」（SRP）與「依賴反轉原則」（DIP），也就是知名的 **SOLID**[13] 五原則中的「S」與「D」。我們將探討這兩個原則，然後用它們建立一種 Clean Architecture 或六角形架構，來解決階層式架構的問題。

# 單一職責原則

只要是從事軟體開發工作的人，大概都知道（或至少曾經聽過）所謂的**單一職責原則**（**Single Responsibility Principle，SRP**）。如果要簡述此原則的話，可以用一句話概括：

> 『每個元件都僅需要做好一件事。』

聽起來很正確沒錯，但這並沒有表達出 SRP 真正的精神。

所謂「僅做一件事」只是對「單一職責」最淺顯的解釋，也是我們最常聽到的 SRP 原則的一種解釋。所以「單一職責原則」這個名稱，其實某方面來說，很容易誤導人。

SRP 原則真正的定義應該如下所示：

> 『每個元件都應該僅有一種且唯一一種被修改的理由。』

如上所述，所謂的「職責」應該是指「修改元件的理由」而不是「任務」或「事情」，或許我們應該把 SRP 重新命名為「單一修改理由原則」（Single Reason to Change Principle）。

---

13 SOLID 五原則包括單一職責原則（SRP）、開放封閉原則（OCP）、里氏替換原則（LSP）、介面隔離原則（ISP）、依賴反轉原則（DIP）。更多細節，可以參考《無瑕的程式碼：整潔的軟體設計與架構篇》，或參考維基百科上的 SOLID 條目：https://en.wikipedia.org/wiki/SOLID。

雖然元件「只有一種修改的理由」往往到最後等同於「只做一件事情」，但還是要謹記這項原則的核心精神——應該只有一種會被修改的理由。

所以，這個原則對我們的架構有什麼影響？

如果某個元件只有一種會被修改的理由，那麼當我們因為其他理由而要修改軟體時，就不用去管這個元件，也不用去煩惱它，因為這個元件不會因為這次修改而受到影響。

但不幸的是，修改元件的理由很容易就會順著程式碼之間的依賴關係，從一個元件被擴散到其他元件，就如圖 3.1 所示：

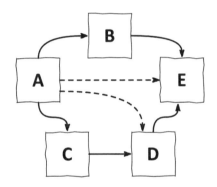

圖 3.1：即使只是「遞移依賴」（圖中虛線），只要是元件之間的依賴關係，就有可能會成為修改的理由。

無論是直接依賴還是遞移依賴（transitive dependency），在圖 3.1 中可以看到，元件 **A** 與其他元件之間都有依賴關係，相反地，元件 **E** 則是完全沒有依賴於其他元件。

對於元件 **E** 來說，唯一會被修改的理由就是因為「新需求」而導致的功能修改。然而，對於元件 **A** 而言，因為依賴關係的緣故，導致只要關係中的任何元件被修改時，就會連帶地需要被修改。

違反了 SRP 原則的話，元件被修改的理由隨著時間過去只會越來越多，也正是因為如此，才使得許多 code base 隨著時間演進，越來越難以修改，且修改的成本也越來

越高。理由如此之多，在這樣的情況下，一旦修改其中一個元件，就可能會導致其他元件運作異常。

# 與副作用之間的陳年往事

筆者過去曾參與一個開發團隊，我們的團隊從其他軟體廠商那邊承接了一份專案，該專案的 code base 已有十年的歷史。客戶之所以決定更換團隊，是為了在節降成本的情況下，獲得更好的開發與維運。因此，我們得到了這份合約。

但一如預料，要搞懂從別人手上拿來的程式並不簡單，而要是對 code base 中的一處做出修改，往往就會在其他地方產生副作用。不過，在耗盡心力加上許多自動測試項目之後，我們還是想辦法大幅重構了這個專案。

可是就在順利維運一段時間之後，客戶卻以一種「對這份軟體的使用者來說十分奇怪」的方式，提出了新增功能的需求。因此筆者提出建議，應該要改以對使用者友善的形式來進行，這樣一來，雖然需要對某個很核心的元件進行小幅修改，但整體修改的幅度較小、實作的成本較低。

最終客戶還是沒能接受意見，並要求繼續執行奇怪且成本高昂的方案。當筆者探詢時，理由是因為他們根據先前開發團隊的經驗，害怕修改那個核心元件可能帶來的副作用影響，會讓不知道什麼東西出錯。

所以這是一次不幸的經驗與負面教材，讓各位讀者知道，一個不良架構設計的軟體，如何讓客戶付出額外的成本。但幸運的是，筆者相信大多數客戶並不會乖乖吞下去，所以還是好好地設計出優良軟體來吧。

# 依賴反轉原則

在階層式架構中，只要是跨架構層的依賴關係，就一定是往下層架構層方向的依賴性。然而一旦運用了 SRP 原則之後就會發現，比起下層架構層來說，上層架構層實際上有較多會被修改的理由。

但由於領域層是依賴於儲存層的，換句話說，每當儲存層被修改時，都需要修改領域層，領域層又是應用程式中最重要的部分。我們可不想在每次修改儲存程式碼時，都要去動到領域層！

這樣的話，該如何改變這種依賴性的情形呢？

這就是**依賴反轉原則（Dependency Inversion Principle，DIP）**的用處了。

與 SRP 原則不同，DIP 原則就是原原本本地如其字面所言：

> 『我們是可以將 code base 中的依賴方向反轉過來的。』[14]

所以「反轉」如何改善這種情形呢？只要把領域層對儲存程式碼的依賴方向反轉過來，改為儲存層依賴於領域程式碼的話，就能夠減少會修改領域程式碼的理由了。

就以「第 2 章」圖 2.2 所示的結構為例。在該圖中，階層式架構的問題是領域層中的「服務」（service）依賴於儲存層中的「實體」（entity）與「儲存庫」（repository）。

首先，我們需要把實體往上拉升到領域層中，因為這些實體代表的是領域物件，而領域層中的程式碼，有很大比例是圍繞在變更這些實體的狀態上。

只是這樣一來，就會在上下兩個架構層中形成環狀依賴（circular dependency），因為儲存層中的儲存庫也依賴於這些實體，但實體此時已經被歸屬到領域層中了。這時就要運用 DIP 原則。我們要在領域層中建立儲存庫的介面（interface），然後讓儲存層中「真正的儲存庫」來實作這些介面，如圖 3.2 所示：

---

14 說是這樣說，但其實能夠被反轉的依賴關係，只有那些依賴關係中雙邊程式碼都掌握在自己手上的部分而已。要是依賴的對象是某個第三方函式庫，由於對該函式庫程式碼的掌控權不在我們手中，因此是無法被反轉的。

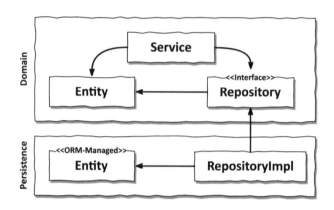

圖 3.2：只要利用介面，就能夠反轉依賴方向，改讓儲存層依賴於領域層。

運用這種技巧，便能保護領域邏輯，讓它不會被儲存程式碼的依賴關係拖累，而在接下來要介紹的兩種架構風格中，這種技巧亦有著關鍵性的重要地位。

# 整潔的架構

Uncle Bob 在其知名的同名著作[15] 中，提出了 **Clean Architecture（整潔的架構）**一詞。他的想法是，Clean Architecture 在其架構設計上，必須讓「業務規則」可以在沒有框架、資料庫、使用者介面技術或任何其他外部應用程式或介面的情況下，進行測試。

換句話說，領域程式碼不能有任何朝向外部的依賴關係存在。而在 DIP 原則的幫助下，只會有朝向領域程式碼的依賴方向。

如果我們以較抽象的方式來看這類架構的話，就會如圖 3.3 所示：

---

15 請參閱《無瑕的程式碼：整潔的軟體設計與架構篇》的「第 22 章」。

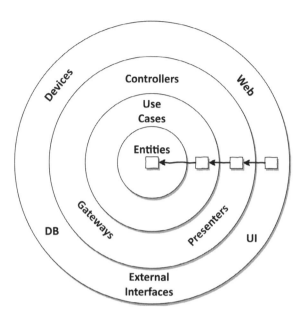

圖 3.3：在 Clean Architecture 中，所有依賴關係的方向都是指向「領域邏輯」的。這張
　　　　圖片來自 Uncle Bob 的《無瑕的程式碼：整潔的軟體設計與架構篇》，有興趣的
　　　　讀者可參閱繁中譯本的第 169 頁。

這類架構的階層就如圖 3.3 所示，是一圈又一圈的，以同心圓的形式組成。而最重要
的原則，就是**限制依賴關係的方向（Dependency Rule）**——所有架構層的依賴關
係都必須是「指向內部」的。

位於架構最核心之處的是領域實體（domain entity），緊鄰的外層則是各類使用案例
（use case）。這邊的「使用案例」，指的就是先前我們看到的那些「服務」，只是
更加精簡（fine-grained service），是僅有單一職責的服務（也就是僅有一種會被修
改的理由），以避免前面提到過的「過廣服務」的問題（broad service）。

再往外層，我們可以看到其他支撐起業務規則的應用程式元件，像是提供儲存功能或
使用者介面等等的元件。然後，再更外層，可能會有與其他第三方元件銜接用的轉接
器等等。

現在，由於領域層的程式碼對於儲存層或使用者介面的框架一無所知，也就因此避免了「綁定於某類框架的程式碼」的出現，可以更專注在業務規則上，對領域程式碼的建模亦達到了最高的自由度。舉例來說，我們可以實作出最純粹形式的 **DDD**（**Domain-Driven Design，領域驅動設計**），而不用考慮儲存或使用者介面的議題，這讓問題單純許多。

只是實作這種 Clean Architecture 並非全無代價。由於「領域層」與其他例如儲存或使用者介面的「外部架構層」完全解耦合，因此就要花費心力來維護各架構層中應用程式實體的模型了。

舉例來說，假設我們在儲存層中採用了 **ORM**（**物件關係對應**）框架的話，這類框架往往會要求「實體類別」具備描述「資料庫結構」的「中繼資料」（metadata，又譯作「描述性資料」），以及可與「資料庫欄位」（database column）對應的「物件欄位」（object field）。但「領域層」照理來說是要對「儲存層」一無所知的，也因為如此，我們就不能將這種實體類別直接運用於領域層，而必須在兩個架構層中都維護著各自的實體類別。換言之，在領域層與儲存層之間，必須想辦法進行對應（mapping）。同樣的道理，領域層與其他外部架構層之間也會有這種問題存在。

然而，這其實是一件好事！這種程度的解耦合，才能讓領域程式碼免於「被特定框架綁架」的困擾。比方說，以 Java 程式語言中的標準 ORM API 為例（即 Java Persistence API），在這個框架的要求下，由 ORM 管理的實體都必須具備無引數（argument）的建構子方法，而這不一定是在領域模型中所樂見的。不過，在「第 9 章，架構層之間的對應策略」中，我們會說明各種對應策略（mapping strategy），其中也包括容許領域層與儲存層之間存在耦合關係的「不對應」策略。

如果只提 Uncle Bob 的 Clean Architecture，對各位讀者來說可能還是有點抽象，所以接下來我們要進一步介紹「六角形架構」（或稱「六邊形架構」），好讓各位對「什麼是整潔的架構」有更清楚的認知。

# 六角形架構

六角形架構（**Hexagonal Architecture**）一詞最早是由 Alistair Cockburn 提出的[16]。其中的重要概念和原則，與後來 Uncle Bob 在其著作《無瑕的程式碼：整潔的軟體設計與架構篇》中所提出的一致：

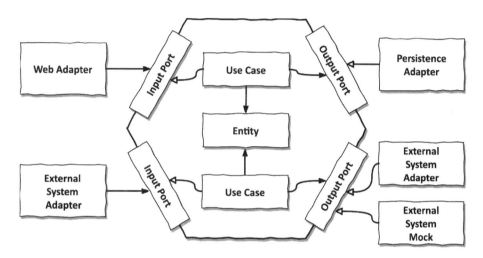

圖 3.4：「六角形架構」也被稱為「轉接埠與轉接器（Ports & Adapters）架構」。這個名稱的由來是因為架構中有各種「桌位」（轉接埠），然後要透過「桌椅」（轉接器）來轉接互動[17,18]。

六角形架構如圖 3.4 所示。應用程式的核心部分以一個六角形的桌子代表，也就是這個架構設計名稱的由來。為何是六角形呢？這點本身沒有意義，所以你也可以畫一個

---

16 「Hexagonal Architecture」一詞，最早是由 Alistair Cockburn 在他的部落格文章中提出的：https://alistair.cockburn.us/hexagonal-architecture/。

17 【編輯註】也譯作「六角桌架構」或是「桌位桌椅架構」。Duncan Nisbet 曾用「六角形的桌子」來做比喻，有興趣的讀者可以參考 https://www.huanlintalk.com/2012/10/designing-layered-application-3-onion.html 或是 https://www.duncannisbet.co.uk/hexagonal-architecture-for-testers-part-1。

18 【譯者註】架構概念如同一張桌子，應用服務位於桌上，外部的服務則需要依靠適合的桌椅（轉接器）坐入桌位（轉接埠）後，才能與應用服務產生互動。從外部的角度來看，桌位的形狀、高度都是固定不變的，因此都是針對桌位去調整桌椅。

八角形，然後說它是「八角形架構」，沒有問題。據說當時選用六角形而非四角形的理由，只是想要凸顯出，應用程式可以有多個「桌邊」來跟其他系統或是轉接器銜接。

在六角形內的，是我們的領域實體與使用案例。請注意，這張六角桌完全沒有從桌內往桌外的依賴關係，因此符合 Uncle Bob 所提出的 Clean Architecture 原則，也就是所有依賴關係的方向都必須是朝內的。

在六角形外的，則是各種與應用程式互動的**轉接器（adapter）**。像是一個可以與網頁瀏覽器介接的網頁層轉接器、一個與資料庫介接的轉接器，還有與外部系統介接互動的轉接器等等。

位於左側的，是用於驅動我們應用程式的轉接器（也就是會呼叫「應用程式核心領域」的）；而位於右側的，則是被應用程式驅動的轉接器（也就是「應用程式核心領域」會呼叫的）。

介於應用程式核心以及轉接器之間的，則是所謂的「桌位」，也就是**轉接埠（port）**。這些應用程式核心所提供的「桌位」（轉接埠）是固定的，例如事先定義好的介面，而這些介面則由核心的「使用案例類別」實作，然後轉接器會呼叫這些介面。至於被驅動的那一側，則是由轉接器來實作這些介面，然後由核心領域來呼叫這些介面。我們甚至可能有多個轉接器，這些轉接器都實作了相同的轉接埠，例如：一個轉接器用於與「真實的外部系統」通訊，另一個轉接器則用於與「測試中使用的模擬系統（mock）」通訊。

為了清楚地凸顯出六角形架構的核心特徵，應用程式核心（六角形）定義並擁有與外界溝通的介面（轉接埠）。然後，轉接器將與此介面進行互動。這種做法就是在架構層面上應用依賴反轉原則（DIP）。

也由於這項概念，這類架構設計又被稱作**轉接埠與轉接器（Ports and Adapters）**架構（「桌位桌椅」架構）。

而如同 Clean Architecture 那樣，六角形架構也可以與階層式架構結合。最外層是負責在應用程式與其他系統之間進行轉譯的轉接器。

接著，是以「定義了應用程式介面的轉接埠」和「實作了轉接埠的使用案例」所構成的應用程式層。最內層當然是實作了業務規則的領域實體。

業務邏輯在「使用案例類別」與「實體」中實作。使用案例類別是狹義的**領域服務**（**domain service**），只實作單一使用案例。當然，我們可以選擇將多個使用案例結合到更廣義的領域服務當中，但理想情況下，我們只有在這些使用案例經常一起使用時，我們才會這樣做，藉此提高可維護性。

我們也有可能會考慮引入應用程式服務的概念。**應用程式服務**（**application service**）負責協調（coordinate）「對使用案例（**領域服務**）的呼叫」，如圖 3.5 所示。

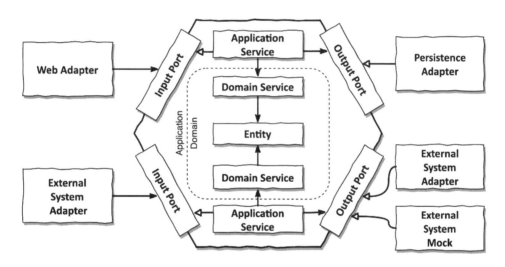

圖 3.5：使用了 DDD 概念的六角形架構，包括應用程式服務和領域服務。

在這裡，「應用程式服務」在輸入轉接埠和輸出轉接埠以及「領域服務」之間進行轉譯（translate，這邊是指 DDD 中的「轉譯」概念，不是指實作層面上的「轉換」），保護「領域服務」免受外界的影響，並可能在「領域服務」之間進行協調。**Domain Service（領域服務）**區塊與圖 3.4 中的 **Use Case（使用案例）**區塊是同義的；我們現在只是借用了 DDD 的術語。

正如這裡的討論所暗示的，我們可以自由地在六角形之內「按照我們認為合適的方式」設計應用程式程式碼。我們可以選擇簡單或精緻的設計，來匹配我們應用程式的複雜度和大小。在「第 13 章，管理多個 Bounded Context」中，我們將進一步了解「如何在六角形內管理程式碼」。

在下一章中，我們會進一步說明「如何在程式碼中落實這類架構」。

## 如何讓軟體邁向可維護性的目標？

無論是「整潔的架構」、「六角形架構」或「轉接埠與轉接器架構」，重點皆在於要翻轉依賴方向，不讓領域程式碼有朝外的依賴性，從根本上讓「領域邏輯」與「那些儲存層或使用者介面相關的問題」解耦合（decouple），進而減少更動到 code base 核心部分的理由。只要更動修改的理由越少，可維護性就越高。

而且這樣一來，領域程式碼就能專注在解決業務問題之上，擁有建模上的自由度；相對地，儲存層或展示層的程式碼，也可以專注於各自的儲存或使用者介面議題，以最適合的方式建模。

在本書接下來的討論中，我們將把六角形架構運用在網頁應用程式上。首先，我們會從應用程式的套件結構（package structure）切入，並討論依賴注入（dependency injection）的效用。

# 程式結構

- 以架構層為結構
- 以功能為結構
- 可呈現出架構的套件結構
- 依賴注入的影響
- 如何讓軟體邁向可維護性的目標？

不知讀者是否曾經想像過，只要看一眼程式，就能馬上辨認出架構設計？

在本章的討論中，我們會探討幾種整理程式的方式，並介紹可以直接從程式結構上反映出六角形架構的套件結構（package structure）。

在一個全新開發的軟體專案中，第一件要做好的事情就是組織「套件結構」。於是我們設計了一套看似優雅的結構，並試圖套用到整個專案當中。可是，隨著專案進度推進，事情變得越來越繁雜，我們往往會發現，這個套件結構只是金玉其外，內在的程式檔案卻亂成了一團。例如，某個套件 A 底下的類別，引用了另一個根本不應該去引用的套件 B 底下的類別。

所以接下來，我們會以「作者序」中提到過的 BuckPal 應用程式作為範例，用其中的「轉帳匯款」（Send Money）使用案例作為切入點（也就是從一個帳戶把款項轉到另一個帳戶），討論數種組織程式結構的方式。

## 以架構層為結構

第一種方式是以「架構層」作為程式結構（by layer，逐層打包），例如：

```
 1 buckpal
 2 ├── domain
 3 │   ├── Account
 4 │   ├── Activity
 5 │   ├── AccountRepository
 6 │   └── AccountService
 7 ├── persistence
 8 │   └── AccountRepositoryImpl
 9 └── web
10     └── AccountController
```

每一個套件（web、domain、persistence）都代表了一個架構層。但如同我們在「第 1 章」中討論過的，階層式架構有各種問題，單純的階層式從各方面來說，可能都不會是最適合程式檔案的組織方式。因此在上圖中，我們已經應用了「依賴反轉

原則」，所有的依賴關係都只能指向 domain 這個套件——在 domain 套件底下建立 AccountRespository 的介面，然後再從 persistence 套件底下去實作這個介面。

然而，還是有至少三個理由，可以指出為何這種套件結構並非是最好的：

- 第一點，我們沒辦法從套件的區隔上凸顯出應用程式中的功能邊界。假設我們要新增一個管理使用者的功能，那麼就要分別往 web 套件中加入 UserController，往 domain 套件中加入 UserService、UserRepository、User，然後往 persistence 套件中加入 UserRepositoryImpl。如果沒有使用其他結構輔助，很快地這些類別檔案就會亂成一團，應用程式中本應不相關的功能之間可能會開始產生意外的副作用影響。

- 第二點，從程式結構上根本看不出來應用程式當中有哪些使用案例。我們看得出來 AccountService 類別與 AccountController 類別分別實作了什麼使用案例嗎？若是需要尋找某個特定的功能，我們必須先猜猜這項功能是由哪一個服務實作的，然後再跳進該服務中，找出可能有關的方法來。

- 此外，我們同樣無法透過套件結構辨認出架構設計。同樣的程式結構，我們也可以猜測是六角形架構，然後你可能會想要跑到 web 套件或 persistence 套件底下，去找出與網頁層轉接器或儲存層轉接器有關的類別。即使真的是六角形架構好了，但在這樣的程式結構下，也無法一眼看出網頁層轉接器呼叫了什麼功能，或是儲存層轉接器提供了什麼功能給領域層。我們必須深入程式碼，才能夠找出輸入與輸出的轉接埠。

接下來，讓我們看看如何解決「以架構層為結構」當中的一些問題。

# 以功能為結構

比方說，如果改為「以功能為結構」的話（by feature，依功能特性打包），程式結構就會如下所示：

```
1 buckpal
2 └── account
3     ├── Account
4     ├── SendMoneyController
5     ├── AccountRepository
6     ├── AccountRepositoryImpl
7     └── SendMoneyService
```

這種結構就本質上來說，是把所有與帳戶管理有關的程式碼檔案，都放進一個高階觀點的 account 套件之中，然後把原先架構層式劃分的套件都移除掉了。

之後，每當新增一種功能時，就會在現有 account 套件的同一層旁，多出一個新的高階觀點套件（high-level package）。除了套件與套件之間的邊界（boundary）之外，也可以利用對「類別」設下 **package-private（套件私有）** 的存取限制，禁止來自套件外部的存取。

有了套件的物理邊界，加上僅限 package-private 存取的邏輯邊界限制，就能避免功能之間出現不想要的依賴關係。

此外，我們也把 AccountService 重新命名為 SendMoneyService，藉此更明確地表達與限制「類別」的職責（這個做法同樣可以應用在前面以架構層為劃分的結構當中）。這樣一來，只需要看一眼類別名稱，就能馬上辨認出這份程式檔案是與實作「轉帳匯款」的使用案例有關。在 Uncle Bob 的書中，他把這種「可以從程式碼上看出應用程式具備何種功能」的做法，稱之為「會尖叫的架構」（Screaming Architecture，或稱發聲架構、架構的聲音），因為架構對我們吶喊出了它的動機與意圖[19]。

然而，比起原先「以架構層為結構」的做法，「以功能為結構」的做法卻反而使得架構消失在了眼界之中——我們仍然無法透過套件名稱找出轉接器在哪裡，此外，還是沒能解決輸出與輸入轉接埠的尋找問題。更有甚者，即使我們已經讓 SendMoneyService 依賴於 AccountRepository 的介面（而非實作），藉此反轉了

---

19 請參閱《無瑕的程式碼：整潔的軟體設計與架構篇》的「第 21 章」。

領域程式碼與儲存程式碼之間的依賴關係，但是，我們卻無法進一步地透過 package-private 的存取限制，確保未來不會再出現領域層對儲存層的依賴關係。

所以究竟該怎樣做，才能讓架構一目了然？最好能夠做到這樣的程度：當把手指向架構圖上的某個區塊時（如第 31 頁的圖 3.4），馬上就能夠找出與該區塊相關的程式檔案。

讓我們更進一步，看看接下來另一種套件結構如何以「更具表述性（expressive）的方式」來做到這一點。

# 可呈現出架構的套件結構

在先前介紹過的六角形架構中，主要的架構元素有實體、使用案例、**輸出入的轉接埠（input and output ports）**，以及輸出入的轉接器（或稱**驅動與被驅動的轉接器（driving and driven adapter）**）。讓我們試著將這種架構的表述性融入到套件結構當中：

```
 1 buckpal
 2 ├── adapter
 3 │   ├── in
 4 │   │   └── web
 5 │   │       └── SendMoneyController
 6 │   └── out
 7 │       └── persistence
 8 │           ├── AccountPersistenceAdapter
 9 │           └── SpringDataAccountRepository
10 ├── application
11 │   ├── domain
12 │   │   ├── model
13 │   │   │   └── Account
14 │   │   └── service
15 │   │       └── SendMoneyService
16 │   └── port
17 │       ├── in
18 │       │   └── SendMoneyUseCase
19 │       └── out
20 │           └── UpdateAccountStatePort
21 └── common
```

結構中的每一個套件都可以直接對應到架構中的一種元素（element）。在整個結構的最上層，我們有 adapter 和 application 套件。

在 adapter 套件底下，包括呼叫了應用程式層輸入轉接埠的「輸入轉接器」，以及實作了應用程式層輸出轉接埠的「輸出轉接器」。由於這是一個單純網頁應用程式的範例，因此，底下各自以 web 與 persistence 子套件，來代表網頁層與儲存層的轉接器。

將轉接器的實作類別區分在獨立的套件底下還有一個好處：當有需要時，我們可以輕易地替換為另一個轉接器實作。想像一下，在原本還不是很確定的階段時，起先暫且以「簡易的鍵值資料庫」作為實作對象，但是隨著需求變得明確，就要轉換到「SQL 資料庫」技術上。此時，我們可以獨立在一個新的轉接器套件中實作所有相關的輸出轉接埠介面，等到實作完成之後，再將舊套件刪去即可。

application 套件包含了「六角形架構」，也就是我們的應用程式程式碼（application code）。這些程式碼包含了我們的領域模型（domain model），它位於 domain 套件之內，這些程式碼也包含了轉接埠介面，它位於 port 套件之內。

為什麼轉接埠位於 application 套件之內，而不是與其相鄰呢？這些轉接埠是我們應用**依賴反轉原則（DIP）**的方式。應用程式定義了這些轉接埠來與外部世界溝通。把 port 套件放在 application 套件之內，表示應用程式擁有（own）這些轉接埠。

domain 套件包含了我們的「領域實體」和「領域服務」（這些領域服務實作了輸入轉接埠，並在領域實體之間進行協調）。

最後，還有一個 common 套件，其中包含一些與其餘的 code base 共享的程式碼。

天哪！也太多代表技術層面的套件了吧？難道這樣不會把人搞得暈頭轉向嗎？

但是想像一下，假設今天辦公室的牆上掛著一張六角形架構圖。然後你與同事站在這張圖的前面，討論著如何將一個用戶端修改為對第三方的 API 呼叫。於是你們指向這張圖上某處的輸出轉接器，達成了修改上的共識。接著便可以坐回電腦前面，打開程式編輯器，馬上從 adapter/out/< 轉接器名稱 > 的套件底下，找出與該用戶端相關的

API 程式來，開始修改的工作。這樣來看的話，算是扯後腿呢？還是有幫助呢？讀者們自己覺得呢？

在處理**架構與程式鴻溝**（architecture/code gap）或**模型與程式鴻溝**（model/code gap）的問題上，這種套件結構有很好的幫助效果[20]。所謂的「架構與程式鴻溝」指的是在大多數的軟體開發專案中，架構這種東西其實僅止於抽象概念的階段，而無法真正地與實際程式做對應。而如果無法從套件結構或其他細節上反映出架構的話，那麼隨著時間演進，程式只會越來越偏離原先設定好的架構。

除此之外，具備表述性的套件結構也有助於促進對架構的思考。因為當你面對一堆套件時，便需要仔細思考「程式檔案要歸屬到哪一個套件底下才行」。只是，分成這麼多套件，是不是也代表著我們必須讓類別都保持 public 的公開存取設定，才能夠滿足跨套件的存取需求？

乍看之下似乎是這樣沒錯，但至少對於 adapter 套件而言並非如此。除了透過 application 套件中轉接埠介面而來的「間接外部呼叫」之外，底下的類別都沒有直接來自外部的呼叫需求，因此可以安心地設定為 package-private。這樣一來，便能確保不會出現從**應用程式層**（application layer）指向這些轉接器類別的依賴關係。

但是 application 套件與 domain 套件底下的某些類別，還是必須保持 public 的公開存取才行。舉例來說，像是與轉接埠相關的類別，就因為需要讓轉接器存取，因而必須保持公開。同樣地，領域層的類別也因為需要被服務（或是轉接器）存取，而需要設定為公開存取。不過，服務類別則因為是隱藏在輸入轉接埠的介面之後，所以就不用設定為公開了。

所以，是的，更細粒度的套件結構（fine-grained package structure），可能需要我們將一些類別設為公開，而這些類別原本在較粗粒度的套件結構（coarser-grained package structure）中可能是 package-private 的。後續在「第 12 章，強化架構中的邊界」中，我們會探討如何攔截（catch）對「這些公開類別」的不必要存取。

---

20 請參考《*Just Enough Architecture*》，George Fairbanks 著，Marshall & Brainerd 出版，2010 年，第 167 頁。

讀者可能會注意到，這個套件結構只包含了一個領域，即處理帳戶交易（account transaction）的領域。然而，許多應用程式可能包含來自多個領域的程式碼。

後續在「第 13 章，管理多個 Bounded Context」中，我們會學到，六角形架構並未真正告訴我們如何管理多個領域。當然，我們可以把每個領域的程式碼，分別放入它們在 domain 套件的子套件當中，並以這種方式來區分不同的領域。不過，如果讀者正在考慮按照「領域」分開轉接埠和轉接器，請務必小心，因為這很快會變成一種對應的惡夢（a mapping nightmare）。這在「第 13 章」中會有更多討論。

然而，就如同所有的套件結構那樣，我們都需要嚴格遵守一定的原則，才能在整個軟體專案的開發週期內，妥善地維持良好的結構。此外，有時候，我們也會遇到一些例外情況，使得原先構想的套件結構不敷使用，這種時候不得已只能安排一些與架構設計無關的套件，無可避免地擴大了架構設計與程式之間的鴻溝。

事無絕對與完美，但在「具備表述性的套件結構」協助下，至少我們能夠盡力拉近架構與程式之間的距離。

# 依賴注入的影響

雖然決定套件結構對於達成整潔的架構來說大有幫助，但如果回顧「第 3 章」的內容，我們就會發現，要達成整潔的架構很重要的一點是：不能有「應用程式層」對「輸出入轉接器」的依賴關係。

這對於「輸入轉接器」（例如網頁層轉接器）來說倒不是什麼大問題，畢竟轉接器和領域程式碼之間的控制流程（control flow）與「允許的依賴方向」一致，所以轉接器只要直接呼叫「應用程式層中的服務」就好。但為了明確且具體地呈現出應用程式的進入點（entry point），我們還是可以利用轉接埠介面，並把服務藏在後面。

但是對於「輸出轉接器」（例如儲存層轉接器）來說，就必須利用**依賴反轉原則（DIP）**，才能避免依賴關係的方向順著控制流程的流向而去。

實作的方式我們已經知道了，就是在應用程式層中建立一個介面，然後再從 adapter 套件內用類別去實作它。對於六角形架構而言，介面指的就是轉接埠。應用程式層接著呼叫這個轉接埠介面，進而去使用到介面背後實作的轉接器，如圖 4.1 所示：

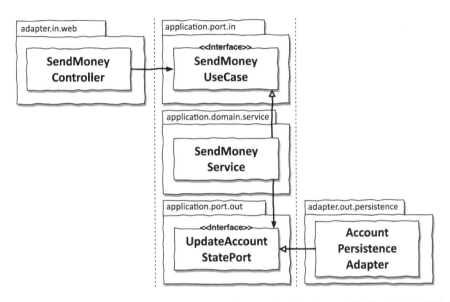

圖 4.1：「網頁層控制器」（web controller）呼叫由「服務」實作的「輸入轉接埠」（incoming port）；而「服務」則呼叫由「儲存層轉接器」實作的「輸出轉接埠」（outgoing port）。

但話說回來，又是要由誰來將這些實作了轉接埠介面的類別物件，提供給應用程式呢？基於不能出現「由應用程式層直接對轉接埠類別」的依賴關係，我們不可以在應用程式層中直接手動地來建立這些物件。

這時候就需要用到依賴注入（dependency injection）了。會有一個中立元件（neutral component），它負責處理所有架構層的依賴注入需求。架構中大多數的類別，都會由此元件來負責實例化（instantiating）。

就以上圖為例，這個中立元件會負責建立 SendMoneyController、SendMoneyService 以及 AccountPersistenceAdapter 等類別的物件。由於 SendMoneyController 需要實作了 SendMoneyUseCase 介面的類別物件，因此在實例化 SendMoneyController 時，就需要把 SendMoneyService 類別物件注入進去。但 SendMoneyController 並不會知道這個物件其實是來自 SendMoneyService 類別，因為中間還隔著一層介面。

同樣地，在實例化 SendMoneyService 類別物件時，我們需要將一個實作了 UpdateAccountStatePort 介面的 AccountPersistenceAdapter 類別物件注入進去，以滿足依賴關係。當然，SendMoneyService 也不會知道介面背後實作的類別究竟為何。

之後我們在「第10章，應用程式組裝」中會以 Spring 框架為例，進一步探討與說明「如何初始化（initializing）應用程式」。

## 如何讓軟體邁向可維護性的目標？

在本章中，我們以一個六角形架構為例，說明如何規劃你的套件結構，好讓實際的程式碼檔案結構與目標架構盡可能地相近。現在，只需要依據架構圖上的各種名稱，便能順著套件結構往下找出與某個架構元素相關的程式碼檔案，這將有助於團隊的溝通、開發作業與維運工作。

在接下來的章節中，當我們要實作應用程式層的使用案例，以及網頁層轉接器和儲存層轉接器時，我們將會看到這些套件結構與依賴注入發揮作用。

# 5

# 使用案例實作

接下來，讓我們看看，如何把先前討論到的架構設計落實在實際的程式碼中。

在將架構中的應用程式層、網頁層及儲存層解耦合之後，我們對領域的程式碼有了完全的掌握度，可以用最適合的方式來建模。你可以是 **DDD（Domain-Driven Design，領域驅動設計）** 建模，當然，你也可以實作一個充血領域模型（rich domain model，又譯豐富領域模型），或是一個貧血領域模型（anemic domain model），你甚至可以依照需求發明自己的建模設計模式。

在本章中，我們將以前面介紹過的六角形架構設計為主，並以筆者自己慣用的方式來實作範例使用案例。

依照以領域層為中心的架構設計原則，後面會從一個領域實體（domain entity）開始，然後再圍繞著領域實體實作一個使用案例。

# 領域模型實作

這裡所要實作的使用案例，是從一個帳戶轉帳到另一帳戶的「轉帳匯款」使用案例。在物件導向程式開發中，其中一種建模方式是先建立一個用於提款（withdraw）與存款（deposit）的 Account（帳戶）實體，這樣我們才能從「來源（source）帳戶」（轉出帳戶）將款項提出，然後再存入「目標（target）帳戶」（轉入帳戶）之中：

```
package buckpal.application.domain.model;

public class Account {

    private AccountId id;
    private Money baselineBalance;
    private ActivityWindow activityWindow;

    // 此處省略建構子與存取器方法

    public Money calculateBalance() {
        return Money.add(
            this.baselineBalance,
```

```
            this.activityWindow.calculateBalance(this.id));
    }

    public boolean withdraw(Money money, AccountId targetAccountId) {
        if (!mayWithdraw(money)) {
            return false;
        }

        Activity withdrawal = new Activity(
            this.id,
            this.id,
            targetAccountId,
            LocalDateTime.now(),
            money);
        this.activityWindow.addActivity(withdrawal);
        return true;
    }

    private boolean mayWithdraw(Money money) {
        return Money.add(
                this.calculateBalance(),
                money.negate())
                .isPositive();
    }

    public boolean deposit(Money money, AccountId sourceAccountId) {
        Activity deposit = new Activity(
            this.id,
            sourceAccountId,
            this.id,
            LocalDateTime.now(),
            money);
        this.activityWindow.addActivity(deposit);
        return true;
```

```
        }
    }
```

這個 Account 實體提供了帳戶的當前概況。所有對帳戶的提款與存款都會從 Activity 實體上反應出來。但要把一個帳戶的所有歷史活動都載入到記憶體空間中，這是不太現實的，因此 Account 實體中只會依照 ActivityWindow 值物件（value object）的設定，擷取過去數天或數週的活動紀錄而已。

而為了能夠計算出帳戶的當前餘額（balance），帳戶的 Account 實體還必須額外具備 baselineBalance（基準餘額）屬性（attribute），用以代表在這段帳戶活動紀錄期間、第一項活動執行之前的帳戶餘額情形。至於當前的餘額，則是這項基準餘額屬性，再加上活動紀錄期間所有的帳戶活動執行之後，所計算出的結果。

在這種模型設計下，從帳戶提款與存款就如同上面所看到的 withdraw() 與 deposit() 方法那樣，僅僅需要往「現有的活動紀錄」中加上「新的活動」即可。但是在執行提款之前，我們還是必須依照業務規則執行檢查，確保帳戶的餘額足夠執行提款才行。

現在，可用於提款與存款的 Account 帳戶實體已經備妥，接下來就可依此為基礎，開始實作使用案例了。

# 使用案例長話短說

不過，這邊要先說明一下何謂「使用案例」（use case）。所謂的使用案例包括了以下幾點步驟：

1. 獲取輸入資料

2. 驗證業務規則

3. 操作模型狀態

4. 回傳輸出結果

使用案例首先會從輸入轉接器獲取輸入資料。接著,可能會有讀者感到疑惑:為何筆者不將下一個步驟稱作「驗證輸入」呢?原因是筆者認為使用案例應該專注在領域邏輯上,而不是處理這些輸入資料的正確與否。因此,我們稍後就會看到,針對輸入的驗證會被安排在其他地方。

反之,使用案例應該要擔負的職責其實是「業務規則」(business rule)的驗證。這是與領域實體共同承擔的職責。本章稍後會解釋,**驗證業務規則(business rule validation)**與**驗證輸入資料(input validation)**之間究竟有何不同。

在確認符合業務規則之後,使用案例就會根據輸入資料,以一到多種方式,來操作(manipulate)模型的狀態(state)。一般而言,這些操作會改變領域物件的狀態,然後將「新的狀態」更新給「由儲存層轉接器所實作的轉接埠」,並保存起來。如果使用案例驅動的是除了儲存以外的其他副作用(side effect),那麼它將為每個副作用都叫用(invoke)一個適當的轉接器。

最後一個步驟則是將「輸出轉接器的回傳值」轉換成為一個輸出物件(output object),然後再回傳給呼叫方的轉接器。

在了解這些步驟之後,接著就來看看要如何實作「轉帳匯款」(Send Money)使用案例吧。

為了避免「第 2 章」裡面提到的「過廣服務」問題,首先,我們需要為每一個使用案例都建立一個「個別的服務類別」(a separate service class),進而避免把所有使用案例都塞入一個「單一的服務類別」中。

大概如下所示:

```
package buckpal.application.domain.service;

@RequiredArgsConstructor
@Transactional
public class SendMoneyService implements SendMoneyUseCase {

    private final LoadAccountPort loadAccountPort;
```

```
        private final UpdateAccountStatePort updateAccountStatePort;

        @Override
        public boolean sendMoney(SendMoneyCommand command) {
            // TODO: 驗證業務規則
            // TODO: 操作模型狀態
            // TODO: 回傳輸出結果
        }
    }
```

這個服務會實作「輸入轉接埠介面 SendMoneyUseCase」，然後呼叫「輸出轉接埠
介面 LoadAccountPort」，以便取得帳戶物件。接著，在更新帳戶狀態之後，呼叫
UpdateAccountStatePort，把「狀態」更新回「資料庫」中保存。

該服務也設定了資料庫交易的邊界，正如 @Transactionl 註釋（annotation）所示。
更多相關資訊，請參考「第 7 章，儲存層轉接器實作」。

各元件之間的關係，大致如圖 5.1 所示：

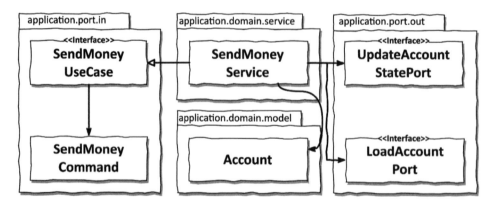

圖 5.1：一個服務會實作一個使用案例、變更領域模型狀態，然後再呼叫輸出轉接埠，
將「更新後的狀態」保存起來。

> **Note**
>
> 在這個範例中，`UpdateAccountStatePort` 和 `LoadAccountPort` 是由儲存層轉接器實作的轉接埠介面（port interface）。如果它們經常一起使用，我們也可以將它們組合成一個更廣泛的介面。我們甚至可以將該介面命名為 `AccountRepository`，以遵循 DDD 用語的慣例。在這個範例中，以及在本書的其餘部分，筆者選擇僅在儲存層轉接器中使用「Repository」這個名稱，但讀者可以自行選擇不同的名稱！

接下來，讓我們處理上面程式碼中那些「 `// TODO` 」的部分吧。

# 輸入驗證

雖然筆者前面才剛說過，輸入驗證不是使用案例類別應該承擔的職責，而是應用程式層的責任，但我們這邊還是需要稍微討論一下。

既然如此，為何不讓呼叫方的轉接器在將「輸入資料」傳遞給「使用案例」之前就先驗證好呢？問題就在於，我們是否真能完全信任「呼叫方」替「使用案例」執行了所有必要的驗證？一個使用案例有可能會被一到多個轉接器呼叫，這樣一來，驗證就要由各個轉接器來實作。但百密一疏，總有機會出現錯誤的驗證，抑或是忘了驗證。

因此，應讓「應用程式層」來關注輸入驗證的議題，否則的話，就有可能會在「應用程式核心之外」收到不符合規定的輸入資料，導致對模型狀態的損害。

但既然不應由使用案例類別承擔這項職責，那到底該在哪裡做輸入驗證才好呢？

答案是要讓「輸入模型」（input model）來負責才對。就以「轉帳匯款」這個範例使用案例來說，所謂的輸入模型指的就是我們在上面程式碼中看到的 `SendMoneyCommand` 這個類別。說得更具體一點，是在這個類別的建構子（constructor）中執行驗證：

```
package buckpal.application.port.in;

public record SendMoneyCommand(
        AccountId sourceAccountId,
```

```
            AccountId targetAccountId,
            Money money) {

    public SendMoneyCommand(
            AccountId sourceAccountId,
            AccountId targetAccountId,
            Money money) {
        requireNonNull(sourceAccountId);
        requireNonNull(targetAccountId);
        requireNonNull(money);
        requireGreaterThan(money, 0);
        this.sourceAccountId = sourceAccountId;
        this.targetAccountId = targetAccountId;
        this.money = money;

    }
  }
```

在轉帳時，我們需要轉出帳戶與轉入帳戶的唯一辨識值（ID），我們也需要轉帳金額。因此，這兩項參數不可以是 null 空值，而且轉帳金額必須大於 0 元才行。要是以上任一條件不符合，就會在建構子中拋出一個例外，中斷物件的建構。

而使用 **record** 來實作 SendMoneyCommand，便能以「不可變動性」（immutable）有效保護這份物件。一旦完成物件的建構，就可以確保資料狀態的合法性，並且不會在建構之後又被其他手段修改。

由於 SendMoneyCommand 屬於使用案例 API 的一部分，因此這份類別檔案應歸屬在「輸入轉接埠」相關的套件之下。這樣一來，驗證作業仍舊是應用程式核心的一部分（換句話說，如果以六角形架構來看，就是在六角形的範圍內），但同時也不會讓這份職責擴散到使用案例的程式碼中。

不過，當有工具可以代替我們處理這些繁瑣的工作時，還有必要這樣手動地去實作驗證作業嗎？我常常聽到這樣的說法：『我們不應該在模型類別（model class）中使用函式庫。』當然，把依賴關係降至最低程度是明智的，但如果我們可以利用一個小小

的依賴關係，它可以節省我們的時間，那麼為什麼不使用它呢？讓我們來探索一下，這在 Bean Validation API 中可能的情況 [21]。

Java 程式語言的 Bean Validation 可以協助處理這類需求，我們只需要將「驗證」的規則，以「註釋」（annotation，又稱註解或標注，非指 comment）的形式加在類別欄位之上即可：

```
package buckpal.application.port.in;

public record SendMoneyCommand(
        @NotNull AccountId sourceAccountId,
        @NotNull AccountId targetAccountId,
        @NotNull @PositiveMoney Money money) {

    public SendMoneyCommand(
            AccountId sourceAccountId,
            AccountId targetAccountId,
            Money money) {
        this.sourceAccountId = sourceAccountId;
        this.targetAccountId = targetAccountId;
        this.money = money;
        Validator.validate(this);
    }
}
```

Validator 類別中提供了 validate () 方法，當需要驗證時，只要在建構子方法的最後一行呼叫這個方法就好。這個方法會根據各欄位上的 Bean Validation 註釋（例如上面所示的 @NotNull）執行驗證，並在違反驗證規則時，拋出一個例外。要是讀者認為 Bean Validation 所提供的驗證註釋在表述性上不夠，你還是可以手動實作驗證，如上面的 @PositiveMoney 所示 [22]。

---

21 Bean Validation：https://beanvalidation.org/。

22 讀者可以在 GitHub 儲存庫中找到實作了 @PositiveMoney 註釋和驗證器的完整程式碼：https://github.com/thombergs/buckpal。

Validator 類別的內容大致上如下所示：

```
public class Validator {

    private final static jakarta.validation.Validator validator =
            Validation.buildDefaultValidatorFactory()
                    .getValidator();

    /**
     * Evaluates all Bean Validation annotations on the subject.
     */
    public static <T> void validate(T subject) {
        Set<ConstraintViolation<T>> violations = validator.validate(subject);
        if (!violations.isEmpty()) {
            throw new ConstraintViolationException(violations);
        }
    }
}
```

將輸入驗證安插在輸入模型中，便能有效地在使用案例實作的周圍，建立起一道**防腐層（anti-corruption layer）**。這種「層」並不是我們在階層式架構中那種會往下呼叫另一層的「架構層」，而是有如在使用案例周邊一道薄薄的過濾膜，防止呼叫方傳來不合規定的輸入資料。

請注意，「command」（命令）一詞在 SendMoneyCommand 類別中的用法，並不符合**「command pattern」（命令模式）**的常見解釋[23]。在命令模式中，一個命令是可執行的（executable），也就是說，它有一個名為 execute() 的方法，這個方法實際上會叫用（invoke）使用案例。在我們的範例中，命令只是一個資料傳輸物件（data transfer object）而已，它會把所需的「參數」傳遞給執行命令的「使用案例服務」。我們當然可以稱它為 SendMoneyDTO，但我更喜歡使用「command」一詞，因為我想藉此清楚表明，我們正在透過這個使用案例更改模型狀態。

---

23 command pattern（命令模式）：https://en.wikipedia.org/wiki/Command_pattern。

# 利用建構子的好處

我們在前面的 SendMoneyCommand 輸入模型（input model）中，把許多職責加入到建構子內，而由於該類別是不可變動的，所以建構子的引數（argument）清單必須包括該類別的所有屬性的參數（parameter）才行。而建構子會負責驗證這些參數，因此，當有傳入的參數值是不合規則的，物件的建構就有可能會失敗。

在上面的例子中，建構子僅有三個參數。但萬一今天我們需要更多的參數呢？該怎麼辦？難道不能利用物件產生器的 Builder 設計模式來使其更方便嗎？我們可以利用產生器（builder）的 build() 方法，把對物件建構子「又臭又長的參數清單呼叫」隱藏在其中，然後，把原本需要傳入 20 個參數的建構子呼叫，改換為如下的物件產生形式：

```
new SendMoneyCommandBuilder()
    .sourceAccountId(new AccountId(41L))
    .targetAccountId(new AccountId(42L))
    // ... 初始化其他的欄位
    .build();
```

驗證依舊由建構子方法負責，不用擔心產生器會建構出不合規定的物件。

一切聽起來都很完美，對吧？但隨著時間過去，軟體專案經常會面臨修改，此時，要是我們需要往 SendMoneyCommandBuilder 中加入一個新的欄位（field），會發生什麼事情呢？首先，我們在建構子方法中加進一個新的欄位，接著在產生器中，把這個新的欄位也加進去。然而這時候，同事打斷了你手頭上的工作（不管是打電話也好，還是寄信給你也好，甚至是一隻蝴蝶飛過去……），於是你的思緒被迫中斷了。一段時間後，你回到了工作上，但卻忘了在產生器中要加入「這個欄位」的呼叫用程式碼。

在這種狀況下，雖然你會建構出一個不合規定卻又無法被變更的物件，但你並不會從編譯器那裡收到警告。當然，還是有機會透過單元測試（unit test），抑或是在執行期間，被驗證規則發現我們少傳入了一個參數，因而拋出一個錯誤（例外）。

不過，從這邊就可以看出，要是我們直接呼叫建構子方法（而非隱藏在產生器後面）的話，每當有一個新欄位加入，或是刪除一個既有欄位時，馬上就能透過編譯錯誤（compile error）知道 code base 中有哪些地方需要配合更動。

即使有著又臭又長的參數清單，只要我們擁有優秀的 IDE 編輯工具，還是可以編排得很好，甚至用提示資訊（hint）的方式，幫忙把「參數名稱」顯示出來：

```
new ClassWithManyFields(
        name: "Donald",
        LocalDate.of( year: 1934, month: 6, dayOfMonth: 9),
        socialSecurityNumber: "1234567",
        birthplace: "Duckburg",
        street: "Duckstreet 42",
        city: "Duckburg",
        zipcode: "12345",
        country: "USA",
        state: "Calisota");
```

圖 5.2：優秀的 IDE 編輯器可以用提示資訊的方式，幫忙把「參數名稱」顯示出來，避免我們暈頭轉向。

為了使前述的程式碼更易讀且更安全，我們可以引入不可變動的**值物件（value object）**，來取代某些我們用來當作「建構子參數」的基本資料型態（primitive）。值物件就是其「值」為其「識別」（identity）的物件。兩個擁有相同值的值物件會被認為是一樣的。又比方說，我們可以將 street、city、zipcode、country 和 state 合併成為一個 Address 值物件，因為它們彼此相關。我們甚至可以更進一步，例如建立 City 和 ZipCode 的值物件。這能減少混淆不同 String 參數的可能性，因為如果我們試圖把 City 傳遞給 ZipCode，或者反過來，編譯器就會發出警告。

然而，在某些情況下，使用產生器（builder）可能是更好的解決方案。舉例來說，如果前述範例的 ClassWithManyFields 有一些參數是可選的，我們就必須將 null 值傳遞給建構子，這在最好的情況下都是很不美觀的。產生器允許我們僅定義必需的參數。但是，若要使用產生器，我們必須非常確定，在我們忘記定義必需的參數時，build() 方法會明確失敗，因為編譯器並不會幫我們檢查這一點！

# 不同的使用案例、不同的輸入模型

有時候，我們會想要根據不同的使用案例，在同一個輸入模型上，套用不同的驗證規則。舉例來說，像是「開立帳戶」（Register Account）與「變更帳戶資訊」（Update Account Details）這兩者的輸入，都需要一些與帳戶相關的描述資訊，例如「帳戶名稱」、「電子信箱」等等。

在「變更帳戶資訊」使用案例中，我們需要一份帳戶識別值（the ID of the account），這是我們在變更時需要用到的；然而在「開立帳戶」使用案例中則不需要。如果這兩個使用案例使用同一個輸入模型，我們就必須在「開立帳戶」使用案例中，允許「帳戶識別值」為 null 空值（a null account ID）。雖然看起來只是有點困擾，但在最糟的情況下卻是有害的，因為現在兩個使用案例耦合（coupled）在一起，變動時會互相影響。

然而，對於不可變動的命令物件（immutable command object）來說，「允許 null 空值作為合法的欄位狀態」是一種程式碼壞味道（code smell）。更麻煩的是，這下該如何執行輸入驗證才好？對於「開立帳戶」與「變更帳戶資訊」來說，一個需要識別值（ID）、一個不需要，兩者的驗證規則並不相同。這樣一來，似乎非得在使用案例中實作各自的驗證，導致輸入驗證的關注點（concern）被擴散到了承擔業務邏輯的程式碼中。

除此之外，要是在「開立帳戶」使用案例下，帳戶識別值欄位（the account ID field）不小心出現了一個「非空值」的資料，該怎麼辦？在這種情況下，需要拋出一個錯誤（例外）嗎？還是忽略它就好？未來，當我們這些工程師從開發轉為維護時，看到這一段程式碼，就可能會冒出這些疑問。

因此，針對每一種使用案例，請安排特定的輸入模型，這樣才能讓使用案例更精確、更具體，也能避免使用案例之間出現耦合，導致意料之外的副作用影響。當然，這是需要付出一些代價的，因為面對不同的使用案例，你需要把輸入資料對應到不同的輸入模型之上。在後續的「第 9 章，架構層之間的對應策略」中，我們會在討論「對應策略」時一併探討這類對應議題。

# 業務規則驗證

雖然輸入驗證不是使用案例應承擔的職責，但業務規則的驗證卻肯定是。業務規則是應用程式的核心，必須謹慎且妥善地對待它們。但我們要怎麼區分哪些是輸入驗證（input validation）、哪些是業務規則驗證（business rule validation）呢？

要區分這兩種驗證，有一個很簡單的方法，那就是：業務規則在驗證時需要根據「領域模型的當前狀態（current state）」而定，輸入驗證則不用。輸入的驗證可以是簡單而明確的，就像前面看到的「`@NotNull`」這種註釋一樣；至於業務規則的驗證，則通常會複雜許多。

或者，我們也可以這樣形容：輸入驗證是使用案例的「語法驗證」（syntactical validation），而業務規則驗證則是使用案例的「語意驗證」（semantical validation）。

就以「轉帳金額不得超過轉出帳戶餘額」這一條業務規則為例。由於這條規則在驗證時，需要根據模型的當前狀態，也就是根據「轉出帳戶」與「轉入帳戶」是否存在，以及「轉出帳戶目前的餘額」來決定，因此毫無疑問，這是屬於業務規則的驗證。

至於「轉帳金額必須大於 0 元」這一條規則，在驗證時，不需要根據模型的當前狀態就能判斷，也因此可以在輸入驗證中實作。

當然，這種區分方式可能會有爭議。或許會有讀者表示，轉帳金額是一件非常重要的事情，所以應該要被認為是業務規則驗證的一部分才對。

無論如何，這種區分原則可以幫助我們快速決定驗證作業的歸屬，也能協助我們後續回頭想要在 code base 中找到某些驗證規則時，快速找到它們。因為你只要簡單地判斷，這條規則是否會需要根據「模型的當前狀態」而定就好。這不僅僅是在開發時會有幫助，就連交棒給負責維護的工程師之後，也能夠幫助他們。這也是一個很好的例子，呼應我在「第 1 章」所強調的「可維護性能支援做出決策」。

所以業務規則的驗證要如何實作？

最好的方式就是在一個領域實體中實作業務規則驗證。底下就以「轉帳金額不得超過轉出帳戶餘額」為例：

```
package buckpal.application.domain.model;

public class Account {

    // ...

    public boolean withdraw(
            Money money,
            AccountId targetAccountId) {
        if (!mayWithdraw(money)) {
            return false;
        }
        // ...
    }
}
```

這種做法方便我們尋找業務規則，也符合語意，畢竟這邊與業務邏輯相近，才能彰顯出業務規則的重要性。

要是不方便把業務規則的驗證實作在領域實體中，也可以直接安插在使用案例的程式碼內，在實際使用到領域實體之前，執行驗證：

```
package buckpal.application.domain.service;

@RequiredArgsConstructor
@Transactional
public class SendMoneyService implements SendMoneyUseCase {

    // ...

    @Override
    public boolean sendMoney(SendMoneyCommand command) {
        requireAccountExists(command.sourceAccountId());
```

```
        requireAccountExists(command.targetAccountId());
        ...
    }
}
```

這邊將「實際執行驗證的作業」獨立為一個方法，然後直接呼叫就好，而要是驗證失敗的話，就會拋出一個事先定義好的例外。負責與「使用者介面」介接的轉接器，則可以在收到這個例外時，轉換為「錯誤訊息」給使用者看，或是以其他適合的方式處理掉。

至於驗證作業的內容，以上面為例，會去檢查資料庫中是否確實存在「轉出帳戶」與「轉入帳戶」。要是更複雜一點的業務規則，甚至可能需要進一步地從資料庫中把領域模型讀取出來，然後檢查狀態。如果是這種需要讀取領域模型的情況，那麼最好還是將驗證作業安排在「領域實體」本身當中，就如同前面示範過的做法那樣。

# 充血領域模型與貧血領域模型

我們所選擇的架構設計並未限制我們如何實作領域模型，謝天謝地，這樣就可依據每一種使用案例，用最適合的方式實作了。但不幸的是，也正因為這種自由度，所以沒有一個絕對的指引可供遵循。

其中最常被討論到的一個議題，就是要依照 DDD 的理念打造出一個**充血領域模型**（**rich domain model**），還是一個**貧血領域模型**（**anemic domain model**）？讓我們看看，這兩者之間，何者比較適合我們所選擇的架構設計。

在充血領域模型中，領域邏輯應盡可能地實作在應用程式核心一部分的實體內。於是這些實體就具備了改變狀態的能力，並且透過業務規則驗證的方式，確保只有在合乎業務規則的情況下才能進行改變。這也就是先前我們在 Account 實體中所採用的形式。那麼使用案例要如何實作呢？

在「充血領域模型」的情況下，使用案例就相當於是領域模型的進入點，只是用來表示使用者的使用目標與動機，並負責轉譯為一連串對領域實體的方法呼叫，以便完成

目標。至於大部分的業務規則與邏輯，則由實體承擔職責，而不會是實作在使用案例內。

就以「轉帳匯款」使用案例為例：首先，服務會查詢出「轉出帳戶」與「轉入帳戶」的帳戶實體，然後分別呼叫這兩個帳戶實體的 withdraw() 與 deposit() 方法，再將實體更新回資料庫中 [24]。

如果是採用「貧血領域模型」的話，那麼實體本身幾乎沒有做多少事情，通常只是以各種欄位來保存狀態，並且提供 getter 與 setter 存取器方法，以便進行修改與讀取而已。換句話說，不會有領域邏輯在其中。

反過來講，這也表示「領域邏輯」是被實作在「使用案例類別」內。於是，使用案例要負責驗證業務規則、變更實體的狀態，以及將「變更後的實體」透過「輸出轉接埠」保存回去資料庫中。整個 richness（豐富度）都被賦予給使用案例，而非實體。

至於對本書中介紹的架構設計而言，其實這兩種建模形式，甚至是其他種類的建模形式，都是能夠採用的。所以讀者大可自行依需求決定。

# 不同的使用案例、不同的輸出模型

接下來的問題是，當使用案例的工作結束後，該如何將結果回傳給呼叫方（caller）呢？

其實這個問題就跟來時（輸入）一樣，最好的方法是盡量以特定於此使用案例的輸出形式回傳，並且應該盡量以呼叫方所需要的「最低限度的資料量」回傳回去。

以先前的「轉帳匯款」使用案例為例，我們最後回傳的，僅有一個 boolean 的布林值資料而已。對於此使用案例來說，這是「最低限度」同時也是「最明確需要」的回傳資料。

---

24 實際上，在使用案例中要完成的目標還不只這些，還包括了「必須確保轉出帳戶與轉入帳戶在同一時間內不會有其他轉帳的爭用情境出現」、「轉帳金額不能超出轉出帳戶餘額」等等，但為了單純化，這邊暫且忽略這些業務規則。

但搞不好呼叫方想要知道「轉帳後的帳戶餘額」？因此，或許會有讀者想要將整個更新過後的 Account 實體回傳給呼叫方。

不過，單就「轉帳匯款」這個使用案例來說，真的需要把這麼多資料回傳回去嗎？而呼叫方又真的需要知道餘額嗎？即使退一步來說，呼叫方真的需要知道，那難道不是另一個使用案例的事情嗎？是否應該由其他呼叫方、在其他使用案例下，來存取這份資料呢？

這些問題沒有標準答案。唯一的原則是，應該盡可能地讓使用案例精確而具體。如果不知道該怎麼辦才好，就想辦法讓「回傳的資料量」越少越好。

與先前的討論相同，若是在不同使用案例之間共用同樣的輸出模型，也會導致這些使用案例耦合在一起。當其中一者需要往輸出模型中加入新的欄位時，即使與另一者無關，它們也必須被迫做出應對。從長遠來看，這種共用模型的做法還會讓共用的模型越長越肥大，所以請務必遵守「單一職責原則」，避免共用模型，才不會讓使用案例耦合在一起。

出於同樣的理由，我們也要避免把領域實體當成輸出模型來使用。領域實體應該僅在必要時才做出改變。但後續在「第 11 章」中，我們會再回頭探討「把實體當作輸入或輸出模型」這個議題。

## 唯讀使用案例的問題

前面討論的都是關於如何實作「變更模型狀態」的使用案例，那如果是只有讀取需求的使用案例呢？比方說，假設今天需要在使用者介面上顯示帳戶餘額，我們該如何實作這樣的使用案例？

不過，把這樣的唯讀作業（read-only operation）視作使用案例，確實是有點奇怪的事情。雖然在使用者介面（UI）上，可能會看到一個像「查詢帳戶餘額」（View Account Balance）這樣的，看似需要以「一個特定的使用案例」來獲取資料才對。而要是在專案中，這也的確被認為是一種使用案例，那麼或許我們也應該比照其他使用案例來實作。

然而，從應用程式核心的角度來看，這其實只是單純的資料查詢動作。所以如果在專案中，這不被認為是一種使用案例，那麼可以單純地以一項查詢動作處理就好，而非獨立為一個使用案例。

就以我們選擇的架構設計來說，其中一種做法是以「查詢服務」應對，然後再安排一個輸入轉接埠來呼叫這個服務：

```
package buckpal.application.domain.service;

@RequiredArgsConstructor
class GetAccountBalanceService implements GetAccountBalanceUseCase {

    private final LoadAccountPort loadAccountPort;

    public Money getAccountBalance(GetAccountBalanceQuery query) {
        return loadAccountPort
            .loadAccount(query.accountId(), LocalDateTime.now())
            .calculateBalance();
    }
}
```

這項**查詢服務（query service）**就如同其他的「命令」使用案例服務，它實作了一個名為 GetAccountBalanceUseCase 的輸入轉接埠，然後也會在從資料庫查詢實體時呼叫 LoadAccountPort 輸出轉接埠。它使用 GetAccountBalanceQuery 類型作為其輸入模型。

如此一來，在 code base 中，便能明確地將「唯讀查詢」與「其他有修改需求的使用案例」（或稱「命令」）區分開來了。這跟**命令與查詢分離（Command-Query Separation，CQS）**或**命令查詢職責分離（Command-Query Responsibility Segregation，CQRS）**所提倡的概念也是一致的。

在上面的程式中，服務除了將查詢動作進一步交給輸出轉接埠執行之外，完全沒有做其他多餘的事情。要是打算跨架構層使用同樣的模型，是不是其實可以偷吃步，讓用

戶端直接去呼叫輸出轉接埠就好呢？關於這個議題，後續我們會在「第 11 章」中進一步探討。

## 如何讓軟體邁向可維護性的目標？

雖然我們所選擇的架構設計賦予了我們完全的自由度，可以用最適合的方式來實作領域邏輯，但要是能在實作時多注意一下、把各個使用案例的輸出入分別建模的話，便能避免一些不良的副作用影響。

跟「在使用案例之間共用模型」相比，這樣做當然要花費更多心力，畢竟，每一種使用案例都需要有各自的模型，也要在模型與實體之間建立對應的轉換。

但是「特定於使用案例的模型」可以幫助我們更明確地了解一個使用案例，將眼光放長遠來看，也有助於維運的工作。更甚之，也能讓團隊中多名開發人員採用平行分工的形式，同時各自開發不同的使用案例，而不至於互相干擾。

只要結合嚴謹的輸入驗證，以及特定於使用案例的輸出入模型，對於打造出一個具備可維護性的 code base 來說會大有幫助。

在下一章中，我們將從應用程式的中心「向外」邁出一步，並探索如何建立一個網頁層轉接器（web adapter），為使用者提供一個與「我們的使用案例」互動的通道（channel）。

# 網頁層轉接器實作

- 依賴反轉
- 網頁層轉接器的職責
- 分割開來的控制器
- 如何讓軟體邁向可維護性的目標？

現今大多數的應用程式都具備某種類型的網頁層介面（web interface）——這可以是一個透過網頁瀏覽器互動的「使用者介面」（UI），也可以是一個供其他系統與應用程式互動的「HTTP API 介面」。

就我們的架構設計而言，所有來自外部的溝通都需要透過轉接器（adapter）來進行。所以接下來，讓我們看一下，如何實作一個擔任網頁層介面的轉接器。

# 依賴反轉

圖 6.1 以較深入的觀點，展示了與「網頁層轉接器」議題相關的架構元素，包括了：網頁層轉接器（web adapter），以及轉接器用來與應用程式核心互動的轉接埠（port）。

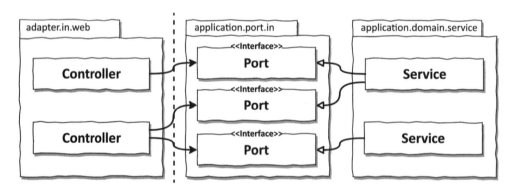

圖 6.1：「輸入轉接器」透過「輸入轉接埠」來與「應用程式層」進行互動；這些「輸入轉接埠」就是由「領域服務」實作的「介面」。

一般來說，網頁層轉接器屬於「驅動」（driving）或「輸入」（incoming）類型的轉接器，代表會從「外部」接收網路請求，並且轉譯為對應用程式核心的呼叫，告訴應用程式該做些什麼。控制流程的流向則是從網頁層轉接器的控制器（controller）通往應用程式層的服務。

應用程式層則提供了網頁層轉接器用以溝通的轉接埠，這些轉接埠就是筆者在前一章所說的「使用案例」，它們是由應用程式層中的「領域服務」實作的。

仔細注意的話，就會發現依賴反轉原則在此處發揮了作用。可是，既然控制流程是「從左到右」（也就是往核心的方向），那為何不直接讓網頁層轉接器呼叫使用案例就好了呢？就如圖 6.2 所示：

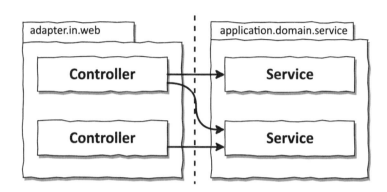

圖 6.2：似乎可以移除「轉接埠介面」，直接呼叫「服務」就好。

所以在「轉接器」與「使用案例」之間加上一層到底有什麼意義？這一層的用意其實是建立起「外部」與「應用程式核心」互動時的規格（specification）。讓一切都透過轉接埠進行，便能輕易得知「外部」與「應用程式」之間的溝通情形，這對後續接手 code base 維護的工程師來說是非常重要的資訊。

在了解驅動「應用程式」的轉接埠後，我們就可以為應用程式建立一個測試驅動程式（test driver）。這個測試驅動程式是一個轉接器，用於呼叫「輸入轉接埠」，來模擬和測試某些使用情況——更多關於測試的內容，請參閱「第 8 章，架構測試」。

話雖如此，後續我們在「第 11 章」中還是會討論到一種「偷吃步」的情況，它將允許你忽略「輸入轉接埠」，直接呼叫「應用程式服務」。

對於有著高度互動需求的應用程式來說，還有一個問題存在：假設今天應用程式需要即時地將「資料」透過網路 socket 送達「使用者的瀏覽器」，如此一來，應用程式核心該如何透過網頁層轉接器，把這份有著即時性（real-time）需求的資料，送到瀏覽器上？

這種情況勢必需要一個轉接埠，要是沒有轉接埠，應用程式將不得不依賴於轉接器的實作，這會破壞「我們保持應用程式不依賴於外部」的努力。這個轉接埠必須由網頁層轉接器實作，然後由應用程式核心來呼叫這個轉接埠，就如圖 6.3 所示：

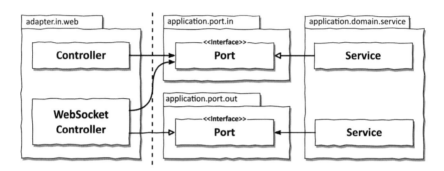

圖 6.3：如果應用程式需要主動通知網頁層轉接器，就必須透過輸出轉接埠才行，否則的話，就會出現錯誤的依賴方向。

左側的 WebSocketController 實作了 out 套件中的轉接埠介面，而應用程式核心中的服務可以呼叫這個轉接埠，來向使用者瀏覽器傳送即時資料。

技術上來說，這是一個輸出轉接埠，所以現在這個網頁層轉接器同時兼具了「輸入轉接器」與「輸出轉接器」的身分。這是可以的，沒有人說一個轉接器不能同時兼具兩種身分。不過，在本章接下來的討論中，我們還是先假設網頁層轉接器只會是一個輸入轉接器就好，畢竟這是最常見的情況。

# 網頁層轉接器的職責

所以網頁層轉接器究竟需要做些什麼事情呢？假設今天我們想在 BuckPal 範例應用程式中加上 REST API 的功能，那麼網頁層轉接器的職責會包含哪些範圍？

一個網頁層轉接器通常會有底下這些職責：

1. 把「輸入的 HTTP 請求」對應為「物件」

2. 認證授權的驗證檢查

3. 輸入資料的驗證檢查

4. 把「請求物件」對應為使用案例的輸入模型

5. 呼叫使用案例

6. 把使用案例的輸出對應為 HTTP 回傳資料

7. 透過「HTTP 回應」回傳

首先是第一步：一個網頁層轉接器必須要負責監聽 HTTP 請求，並根據 URL 路徑、HTTP 方法，或是網路請求的內容等條件，確認是否為「轉接器」需要負責處理的請求。然後，這些來自 HTTP 請求的參數與內容，需要再「反序列化」轉換為物件，才能夠執行後續的作業。

隨後，網頁層轉接器一般會執行授權認證，並對認證進行檢查，如果無法通過授權則會直接回傳錯誤訊息。

接下來，就能開始驗證輸入物件了。咦？但我們不是才剛說過，「輸入資料驗證」應該是歸屬於「使用案例的輸入模型」的職責嗎？沒錯，使用案例仍舊需要依情況去驗證輸入，以確保輸入模型無誤。但這邊所說的驗證對象，指的其實是網頁層轉接器本身的輸入模型。畢竟，「轉接器的輸入模型」很有可能從結構上，甚至到語意上，都與「使用案例的輸入模型」不同，也因此就需要不同的驗證方式。

筆者並不建議把我們先前看過的「使用案例的輸入驗證」實作在「網頁層轉接器」中。這邊需要做的驗證，應該是確認「網頁層轉接器的輸入模型」是否能夠正確地轉譯為「使用案例的輸入模型」。任何導致轉譯（transformation）無法進行的因素，都應該被認為是驗證失敗。

於是，由此衍生出網頁層轉接器的下一項職責：以「轉譯後的輸入模型」去呼叫使用案例。隨後，轉接器則會承接使用案例的輸出，再重新序列化為 HTTP 回應，回覆給轉接器的呼叫方。

在以上的任一過程中，如果遇到問題，就會拋出例外，同樣地，網頁層轉接器也需要
將這份例外轉譯為錯誤訊息，再送回去給呼叫方。

看起來，似乎有許多職責都被賦予在網頁層轉接器身上，但這也表示，其實有許多事
情根本不應該是由「應用程式層」來負責的。比方說，任何與 HTTP 相關的職責，都
不該擴散到「應用程式層」中。要是應用程式核心對於自己正在透過 HTTP 與外部溝
通有所認知，就會使兩者綁定在一起，導致其他非採用 HTTP 協定的輸入轉接器無法
共用到同樣的一份領域邏輯程式。任何設計良好的架構都應該要避免這種事情發生，
保持技術選項的彈性。

如果我們在開發時，是先從「領域層」與「應用程式層」著手，而非從「網頁層」開
始的話，其實自然而然地就會建立起「應用程式層」與「網頁層轉接器」之間的這層
邊界。換句話說，如果先針對「使用案例」開發，並且在開發時排除任何特定輸入轉
接器的考量，就能明確地劃下一條界線。

# 分割開來的控制器

在使用大部分的網頁框架時（像是 Java 程式語言中常見的 Spring MVC 框架），我們
都會建立控制器類別（controller class），用於承擔上面提到的這些職責。既然如此，
是否應該要以單一控制器來負責應對這些給應用程式的網路請求？不，其實不需要，
畢竟，又沒有人說網頁層轉接器只能限制在一個類別中。

唯一需要注意的是，如同「第 4 章」中所言，這些類別都應該歸屬在同樣的套件結構
路徑之下，以便彰顯這些類別的相關性。

那麼我們究竟需要多少個控制器？筆者的看法是，過多總比不及好。每個組成「網頁
層轉接器」一部分的控制器，其職責都應該盡可能地縮限在最小且最精準的範圍之
內，這樣才不會跟其他控制器的職責重複。

底下以 BuckPal 範例應用程式中 Account 實體的一項作業為例。常見的方法是以單一的 AccountController 來接取所有與帳戶作業相關的網路請求,而如果我們是以 Spring 框架為主的話,這份提供 REST API 的控制器大致上看起來像這樣:

```
package buckpal.adapter.in.web;

@RestController
@RequiredArgsConstructor
class AccountController {

    private final GetAccountBalanceUseCase getAccountBalanceUseCase;
    private final ListAccountsQuery listAccountsQuery;
    private final LoadAccountQuery loadAccountQuery;

    private final SendMoneyUseCase sendMoneyUseCase;
    private final CreateAccountUseCase createAccountUseCase;

    @GetMapping("/accounts")
    List<AccountResource> listAccounts(){
        ...
    }

    @GetMapping("/accounts/id")
    AccountResource getAccount(@PathVariable("id") Long accountId){
        ...
    }

    @GetMapping("/accounts/{id}/balance")
    long getAccountBalance(@PathVariable("id") Long accountId){
        ...
    }

    @PostMapping("/accounts")
    AccountResource createAccount(@RequestBody AccountResource account){
```

```
        ...
    }

    @PostMapping("/accounts/send/{sourceAccountId}/{targetAccountId}/
                  {amount}")
    void sendMoney(
        @PathVariable("sourceAccountId") Long sourceAccountId,
        @PathVariable("targetAccountId") Long targetAccountId,
        @PathVariable("amount") Long amount) {
        ...
    }
}
```

像這樣，把「所有與帳戶相關的」都集中在同一個類別之下，感覺似乎不錯。但這其實是有壞處的，且聽筆者道來。

首先，應該盡量減少單一類別內的程式碼量。筆者曾經參與過一項既有程式的專案，而該專案中，最肥大的一個類別居然有高達 30,000 行的程式碼 [25]。這可一點都不好笑。即便今天控制器中僅累積了 200 多行程式碼，並且在類別中以方法切割開來，在維護上，還是會比「只有 50 行程式的類別」難度更高。

同樣的問題也會發生在測試程式碼（test code）上。如果單一控制器中包含了太多程式碼，就會連帶影響到測試程式碼，而且由於測試程式碼比正式程式碼（production code）更為抽象，因此維護起來也就更困難了。如果你希望快速找到某段正式程式碼對應的測試程式碼，那麼就應該縮減類別的規模。

除此之外，還有一個問題也很嚴重。那就是把所有作業都塞進同一個控制器類別內，等於變相促使重複利用資料結構。就以上面的範例來說，許多作業都會共用 **AccountResource** 這個模型類別，無論是什麼作業，不管三七二十一，都把需要的東

---

25 之所以會這樣，其實是他們（也就是先前的開發者）有意為之。故意將 30,000 多行的程式碼塞在同一個類別之下，這樣就能在不重新部署整個專案的情況下，於執行階段變更系統了：只要把這個 Java 類別編譯過後的 .class 檔案上傳並覆蓋過去即可。再加上，當時也只允許上傳一個檔案，所以其實是被逼著把所有程式碼都塞進一個檔案中。

西往裡面塞。舉例來說，AccountResource 裡面可能會有一個 id 欄位，但這個欄位在 create（建立）帳戶的作業中並不需要，甚至會造成困擾，因此對於這項作業而言弊大於利。假設今天 Account 與 User 物件之間會存在「一對多的關係」（a one-to-many relationship）的話，在「開通帳戶」或「更新帳簿」時，是否也要把這些 User 物件放進來？這還只是比較單純的情況，要是在前述那種更大型的專案中，搞不好你會一直遇到這個問題。

所以筆者個人認為，應該把各項作業從「套件結構」上以及從「控制器類別」上切割開來，並盡量使用「與使用案例相關的名稱」來命名那些方法和類別：

```
package buckpal.adapter.in.web;

@RestController
@RequiredArgsConstructor
public class SendMoneyController {

    private final SendMoneyUseCase sendMoneyUseCase;

    @PostMapping(
        "/accounts/sendMoney/{sourceAccountId}/{targetAccountId}/{amount}"
    )
    void sendMoney(
        @PathVariable("sourceAccountId") Long sourceAccountId,
        @PathVariable("targetAccountId") Long targetAccountId,
        @PathVariable("amount") Long amount) {

        SendMoneyCommand command = new SendMoneyCommand(
            new AccountId(sourceAccountId),
            new AccountId(targetAccountId),
            Money.of(amount));

        sendMoneyUseCase.sendMoney(command);
    }
}
```

我們可以直接以基本資料型態（primitive）作為輸入，就像範例中的 sourceAccountId、targetAccountId 和 amount。但每個控制器也可以有各自的輸入模型。與通用模型（如 AccountResource）不同，我們可能會有一個針對特定使用案例的模型，例如 CreateAccountResource 或 UpdateAccountResource。這些特定的模型類別甚至可以被設定為「只能在該控制器所屬套件底下存取」的私有限制，以防止外部的重複利用。或許還是有讀者想讓控制器共用模型，但如果是共用「來自其他套件的類別」，就會讓不屬於此控制器的思維擴散過來，然後你可能就會發現，其實有一半的欄位根本就用不到，到最後，還是回頭建立各自的模型了。

而且我們也應該謹慎思考「控制器」與「服務」的命名。比起 CreateAccount 這種名稱，還是 RegisterAccount 比較適合，不是嗎？因為在 BuckPal 範例應用程式中，要建立一個帳戶的方式，就是要請使用者「註冊」（或稱「開通」）帳戶。所以在類別名稱中使用 Register（註冊），會比 Create（建立）要來得適當，才能傳達出語意。當然我們也不能否認，在某些時候，這種 Create、Update、Delete 的字眼就已經足夠傳達出語意了，但在採用之前，請務必再三確認。

這樣的分割還有一個好處，就是可以更輕易地在不同的作業上進行平行分工開發，只要不同的開發人員是負責編寫不同的作業，那麼就能大幅減低在合併程式碼時出現衝突的機率。

## 如何讓軟體邁向可維護性的目標？

在規劃開發一個應用程式的網頁層轉接器時，我們必須留意：轉接器的職責並非處理領域邏輯，而是把 HTTP 請求轉譯（translate）為對「應用程式使用案例」的方法呼叫，然後再反過來，把結果轉譯回 HTTP 回應。

至於應用程式層，則與 HTTP 完全無涉，也不能將「任何與 HTTP 有關的細節」洩露、擴散到應用程式層中。這樣才能保持網頁層轉接器的可替換性（replaceable），以便萬一哪天真的有此需要。

而在分割網頁層控制器時，請不要害怕建立許多小型規模、不共用模型的類別。雖然這樣會使得類別數量增多，但這也讓尋找、測試以及平行分工開發容易許多。只有在起初規劃該如何分割時，會花上較多的心力，但這一切在日後維護時都能獲得回報。

看過了應用程式的輸入端（incoming side）之後，接著讓我們看看輸出端（outgoing side），以及如何實作儲存層轉接器。

# 儲存層轉接器實作

- 依賴反轉
- 儲存層轉接器的職責
- 分割開來的轉接埠介面
- 分割開來的儲存層轉接器
- 以 Spring Data JPA 為例
- 資料庫交易的問題
- 如何讓軟體邁向可維護性的目標？

先前在「第 2 章」中，筆者曾抨擊過傳統的階層式架構，由於所有事物都奠基在儲存層之上，導致最後容易出現「資料庫驅動設計」這種東西。在本章中，我們就要探討如何翻轉這個依賴關係，讓儲存層（persistence layer）之於應用程式層（application layer）來說，變成一種可替換的外掛（plugin）。

# 依賴反轉

底下我們要探討的對象並非整個儲存層，而是為應用程式服務提供儲存層功能的儲存層轉接器（persistence adapter）。

在套用了依賴反轉原則之後，整體會如下所示：

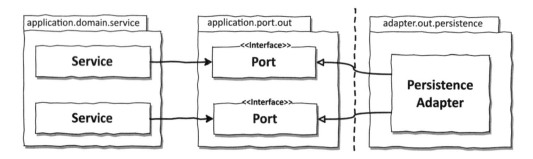

圖 7.1：核心服務透過「轉接埠」來使用轉接器提供的功能。

領域服務會呼叫轉接埠介面，藉此存取儲存層功能。這些轉接埠則是由實際實作了儲存層功能，並且負責與資料庫溝通的「儲存層轉接器類別」來實作的。

在六角形架構的觀點中，這類儲存層轉接器是被應用程式呼叫，且不會有反方向的依賴關係的，因此是屬於「被驅動」（driven）與「輸出」（outgoing）的轉接器。

這些轉接埠實際上就是在「領域服務」與「儲存程式碼」之間，間接地架起一層架構層。而這層間接架構層（layer of indirection）的用途，則是為了消除對儲存層的依賴關係，讓「領域程式碼」不會受到儲存層技術問題的干擾。換句話說，當我們重構「儲存程式碼」時，不需要去更動到核心內的程式碼。

當然，就執行階段的觀點來看，其實應用程式核心還是有對儲存層轉接器的依賴關係存在。舉例來說，要是你修改了儲存層當中的程式，並且不小心造成了程式缺陷，那麼理所當然地，應用程式核心的功能就會出現問題或失敗。但轉接埠的重點在於，只要雙方都遵循轉接埠定下的規範（contract，合約），那麼就能在不影響核心的前提下，自由地抽換儲存層轉接器。

# 儲存層轉接器的職責

一個儲存層轉接器通常會有底下這些職責：

1. 獲取輸入

2. 把輸入對應為資料庫的格式

3. 將輸入資料傳遞給資料庫

4. 把資料庫的輸出對應為應用程式的格式

5. 回傳輸出資料

儲存層轉接器會從轉接埠介面獲取輸入。根據介面中的精準描述，輸入模型有可能會是一個領域實體，也有可能會是一個特定於某項資料庫作業的相關物件。

接著要把這份輸入模型對應為可以修改或查詢資料庫的形式。在 Java 專案中，通常是透過 **JPA（Java Persistence API）**與資料庫溝通，也因此需要把「輸入模型」對應為一份反映了資料庫表格結構的「JPA 實體物件」。但根據情境的不同，這項把「輸入模型」對應為「JPA 實體」的作業可能只是一件事倍功半的事情而已。所以之後在「第 9 章，架構層之間的對應策略」中，我們會再進一步探討「不對應策略」的主題。

除了利用 JPA 或其他 ORM（物件關係對應）框架之外，也可以使用其他方式與資料庫溝通。舉例來說，我們可以把輸入模型對應與轉換為「純文字的 SQL 語法」，直接把語法送交給資料庫去執行，或者，我們也可以把輸入資料序列化為一份檔案，然後再從後端的資料庫去讀取這份檔案。

無論如何，重點還是在於這份傳遞給了儲存層轉接器的輸入模型，是歸屬於應用程式核心的，而非儲存層轉接器的，如此一來，才能確保對儲存層轉接器的任何修改，都不會影響到核心。

下一步就是儲存層轉接器對資料庫的查詢，以及獲取查詢結果。

最後，我們再把「資料庫的回傳」對應為轉接埠規定的輸出模型，再回傳回去。與先前一樣，輸出模型是歸屬在應用程式核心的，而非儲存層轉接器的。

除了要注意「輸出入模型」歸屬於應用程式核心（而非儲存層轉接器）這一點之外，「儲存層轉接器」本身要做的事情，其實與傳統階層式架構中「儲存層」的職責並無太大不同。

不過，如前所述，在實作儲存層轉接器時，不可避免地會遇到一些原本傳統儲存層不會遇到的問題，但這其實是因為長久以來我們慣性地以傳統階層式的思維去思考，以致於從來沒有想過這些問題而已。

## 分割開來的轉接埠介面

在實作「服務」時，我們會遇到的其中一個問題，就是該如何分割這些定義了應用程式核心可用的「資料庫作業」的轉接埠介面。

較常見的做法是建立一個單一儲存庫介面（a single repository interface），把實體需要的所有資料庫作業，通通集中在裡面，就如圖 7.2 所示：

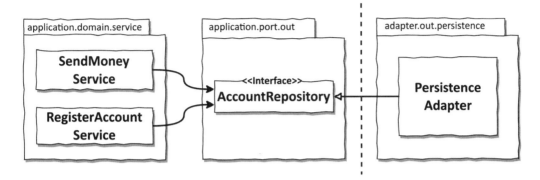

圖 7.2：使用「單一集中式的輸出轉接埠」來處理所有的資料庫作業，會讓「服務」依賴於不需要的多餘方法。

如此一來，即使原本僅僅只有一項資料庫作業需求，但凡是只要有資料庫作業需求的服務，都必須依賴這個包山包海的轉接埠介面。換句話說，這代表 code base 中出現了多餘的依賴關係。

而對「實際上用不到的方法」產生依賴，會減損程式碼的可閱讀性與可測試性。想像一下，我們正要為上圖中的 RegisterAccountService 編寫單元測試。此時會面臨一個問題：應該要對 AccountRepository 介面中的哪些方法建立模擬物件（Mock）呢？於是，你必須先找出這項服務實際上呼叫了 AccountRepository 的哪些方法才行。但是僅模擬（mock）介面中的部分方法也會有問題，因為其他同樣需要測試的人，可能會誤以為你已經完整模擬了這個介面，直到執行時才發現遇到錯誤。接著，這群人就得花費時間心力來找出問題在哪裡。

引用 Uncle Bob 講過的話來說就是：『包包中攜帶了你不需要的東西，而你卻依賴這樣的包包，就可能會導致你未曾想到過的麻煩。』[26]

SOLID 五 原 則 當 中 的「I」，也 就 是 **介 面 隔 離 原 則（Interface Segregation Principle，ISP）**，則提供了我們解法。這個原則主張應該要把「單一過廣的介面」適度分割為多個，而且分割出來的每一個介面上，僅含有該介面使用方（client，用

---

26 摘自《無瑕的程式碼：整潔的軟體設計與架構篇》中譯本第 73 頁，原文書第 86 頁。

戶端）最低限度所需的方法而已。如果把這個原則套用到範例的輸出轉接埠上，就會
得到如圖 7.3 所示的結果：

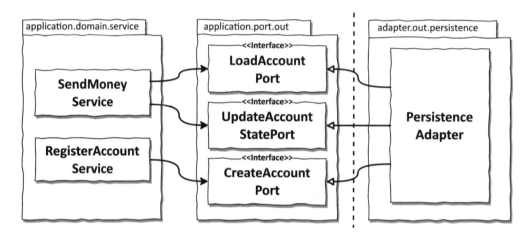

圖 7.3：應用「介面隔離原則」，就能避免多餘的、不必要的依賴關係，並讓依賴關係更
為明確。

這樣一來，每一項服務所依賴的介面方法，都是那些實際會用到的方法而已。更重要
的是，分割後的轉接埠介面也能以「更符合各自命名」的方式，具體呈現出自身。當
要編寫測試時，我們也不需要再去煩惱模擬哪些方法，因為大多數時候轉接埠內就只
有一個方法需要模擬。

這種極端精確的小型轉接埠介面，會讓你在編寫程式時擁有「隨插即用」（plug-and-
play）的感受。要讓某項服務可以運作，就只要往該服務所需的轉接埠中「插入」（plug
in）轉接器即可，沒有多餘、額外的包袱。

但這種幾乎是「一個轉接埠只有一個方法」的做法，不一定能適用於所有情況。畢竟，
有時就是會遇到一整組內聚力強、彼此高度相關的資料庫作業，讓我們想要把這些方
法都綁在同一個介面上。

# 分割開來的儲存層轉接器

在上圖中，我們可以看到，所有的「儲存層轉接埠」全都是由同一個「儲存層轉接器類別」實作的。不過，只要所有的儲存層轉接埠都有被實作到，誰又規定說只能有一個轉接器呢？

舉例來說，我們能以一組領域實體（在 DDD 術語中又被稱為「聚合」）為單位，來建立儲存層轉接器類別，並將該組領域實體所需的「儲存層作業」（persistence operation）都集中在裡面，就如圖 7.4 所示：

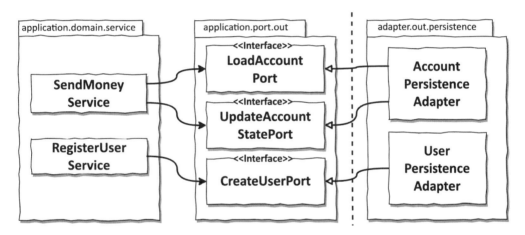

圖 7.4：以「聚合」（aggregate）為單位，來切割出多個不同的儲存層轉接器。

如此一來，儲存層轉接器自然就會沿著「具有不同儲存層功能需求的領域邊界」來進行劃分了。

當然，我們也可以更進一步，把儲存層轉接器再分割成更多數量的類別。比方說，你可能會為了追求更好的效能，而決定讓其中一部分的轉接埠維持以 JPA 或其他的 ORM 工具來實作。而另外一部分的轉接埠，則以更直接的純 SQL 語法來實作。於是就會出現一個 JPA 的轉接器、一個純 SQL 語法的轉接器，且各自都實作了一部分的儲存層轉接埠介面。

還是要提醒一下，對於「領域程式碼」來說，儲存層中的類別究竟是用什麼技術去實作介面，這是完全不重要的。而對於「儲存程式碼」來說，則擁有完全的自由度，可以用最適合的方式去實作，反正只要所有的轉接埠最終都能被確實實作出來就好。

這種「以聚合為單位」的儲存層轉接器，之後當出現多個 Bounded Context（有界情境，又譯限界上下文）時，也便於我們依情境的「邊界」來劃分對儲存層功能的需求。例如，有可能在專案發展一段時間後，我們才會意識到，我們需要一個 Bounded Context 來負責處理「帳單」（Billing）使用案例，於是就會如圖 7.5 所示：

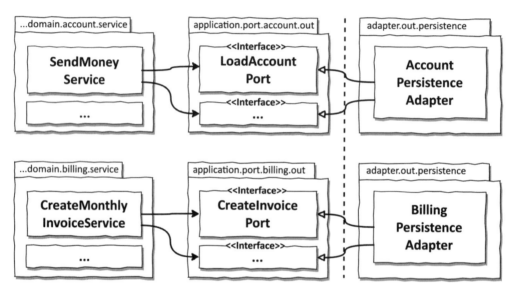

圖 7.5：如果我們想鞏固 Bounded Context 之間的邊界（hard boundary），就應該讓每一個 Bounded Context 都有專屬的儲存層轉接器。

每個 **Bounded Context** 中都有一到多個、專屬於此情境的儲存層轉接器。之所以會被稱作「有界」情境，就是要強調「邊界」這件事情。換言之，account 情境不能存取 billing 情境下的儲存層轉接器，反之也是一樣的。而要是一個情境真的需要另一個情境的資訊，它們可以呼叫彼此的領域服務，或者，我們也可以引入一個應用程式服務作為 Bounded Context 之間的協調者（coordinator）。「第 13 章」會更深入地討論這個主題。

# 以 Spring Data JPA 為例

接著就以上圖為例,來看一下如何實作 AccountPersistenceAdapter 這個轉接器類別。這個轉接器類別要做的事情,是從資料庫「讀取」與「存入」帳戶資訊。雖然先前在「第 5 章」中我們已經看過 Account 實體了,不過底下還是先簡單回顧一下:

```
package buckpal.application.domain.model;

public class Account {

    private AccountId id;
    private Money baselineBalance;
    private ActivityWindow activityWindow;

    // 此處省略建構子與存取器方法

    public static Account withoutId(
        Money baselineBalance,
        ActivityWindow activityWindow) {
        return new Account(null, baselineBalance, activityWindow);
    }

    public static Account withId(
        AccountId accountId,
        Money baselineBalance,
        ActivityWindow activityWindow) {
        return new Account(accountId, baselineBalance, activityWindow);
    }

    public Money calculateBalance() {
        // ...
    }

    public boolean withdraw(Money money, AccountId targetAccountId) {
```

```
        // ...
    }

    public boolean deposit(Money money, AccountId sourceAccountId) {
        // ...
    }
}
```

> **Note**
>
> Account 這個類別不僅僅只是提供 getter 與 setter 等存取器方法的資料容器而已，它也必須盡可能確保資料不會被任意更動變造。只有在資料都通過驗證之後，才能透過工廠方法（factory method）建立一個 **Account** 實體。而就算是會造成狀態變動的方法，也需要在執行之前（例如，要提款時）通過驗證（例如，檢查帳戶餘額）才行，這樣才不會產生不合規定的領域模型。

由於本範例預計採用 Spring Data JPA 工具作為與資料庫溝通的工具，因此還另外需要一份加上了「**@Entity**」註釋（annotation）的類別，用於呈現資料庫中代表「帳戶狀態」的 account 資料表：

```
package buckpal.adapter.out.persistence;

@Entity
@Table(name = "account")
@Data
@AllArgsConstructor
@NoArgsConstructor
class AccountJpaEntity {

    @Id
    @GeneratedValue
    private Long id;

}
```

底下則是代表了「帳戶活動紀錄」的 activity 資料表：

```
package buckpal.adapter.out.persistence;

@Entity
@Table(name = "activity")
@Data
@AllArgsConstructor
@NoArgsConstructor
class ActivityJpaEntity {

    @Id
    @GeneratedValue
    private Long id;

    @Column private LocalDateTime timestamp;
    @Column private long ownerAccountId;
    @Column private long sourceAccountId;
    @Column private long targetAccountId;
    @Column private long amount;
}
```

目前的帳戶狀態只有一個帳戶本身的唯一不重複識別值（ID），但後續可能還會有客戶身分證字號等欄位。比較重要的還有 ActivityJpaEntity 類別，這裡面會含有該帳戶底下所有的活動紀錄。至於 ActivityJpaEntity 與 AccountJpaEntity 這兩者之間關聯性，還可以進一步用 JPA 的 @ManyToOne 註釋或是 @OneToMany 註釋來定義；不過，這樣做可能對「資料庫查詢」有副作用影響，所以這邊暫且不設定。雖然以現階段而言，使用比 JPA 單純的其他 ORM 工具會更輕鬆，但由於我們已經預期之後會採用 JPA，所以還是直接以 JPA 來實作儲存層轉接器就好 [27]。

---

27 這種感覺有沒有很熟悉？這就是許多開發者在選擇 JPA 作為 ORM 解決方案時的想法：『反正大家都用，我也就跟著用，這總沒錯吧？』但在專案開發數個月後，你就會開始咒罵那些預先載入（eager loading，即積極載入）、延遲載入（lazy loading，即消極載入）、快取等功能，然後想說為什麼不用一些簡單的工具就好？JPA 確實是一項強大的工具沒錯，但其實很多問題只需要簡單的解決方案便能輕鬆搞定。讀者也可以選擇 Spring Data JDBC 或 jOOQ 作為替代方案。

接下來，我們要利用 Spring Data 來建立提供「基本的 CRUD 功能」的儲存庫介面
（repository interface），並定義一些能夠從資料庫中讀取出「活動紀錄」的查詢作業
（**CRUD 是 Create、Read、Update、Delete 的縮寫**）：

```
interface AccountRepository extends JpaRepository<AccountJpaEntity, Long> {
}
```

ActivityRepository 的程式內容則如下所示：

```
interface ActivityRepository extends
        JpaRepository<ActivityJpaEntity, Long> {

    @Query("""
        select a from ActivityJpaEntity a
        where a.ownerAccountId = :ownerAccountId
        and a.timestamp >= :since
        """)
    List<ActivityJpaEntity> findByOwnerSince(
        @Param("ownerAccountId") long ownerAccountId,
        @Param("since") LocalDateTime since);

    @Query("""
        select sum(a.amount) from ActivityJpaEntity a
        where a.targetAccountId = :accountId
        and a.ownerAccountId = :accountId
        and a.timestamp < :until
        """)
    Optional<Long> getDepositBalanceUntil(
        @Param("accountId") long accountId,
        @Param("until") LocalDateTime until);

    @Query("""
        select sum(a.amount) from ActivityJpaEntity a
        where a.sourceAccountId = :accountId
        and a.ownerAccountId = :accountId
        and a.timestamp < :until
```

```
        """)
    Optional<Long> getWithdrawalBalanceUntil(
        @Param("accountId") long accountId,
        @Param("until") LocalDateTime until);


}
```

Spring Boot 會自動幫我們串起這些儲存庫，並透過 Spring Data 的神奇功能完成這些儲存庫介面背後的實作，以便與資料庫進行溝通。

現在，有了 JPA 實體和儲存庫，我們就可以來實作儲存層轉接器，並對應用程式層提供所需要的儲存層功能了：

```
@RequiredArgsConstructor
@Component
class AccountPersistenceAdapter implements
        LoadAccountPort,
        UpdateAccountStatePort {

    private final AccountRepository accountRepository;
    private final ActivityRepository activityRepository;
    private final AccountMapper accountMapper;

    @Override
    public Account loadAccount(
        AccountId accountId,
        LocalDateTime baselineDate) {

        AccountJpaEntity account =
            accountRepository.findById(accountId.getValue())
            .orElseThrow(EntityNotFoundException::new);

        List<ActivityJpaEntity> activities =
            activityRepository.findByOwnerSince(
                accountId.getValue(),
```

```
            baselineDate);

        Long withdrawalBalance = activityRepository
            .getWithdrawalBalanceUntil(
                accountId.getValue(),
                baselineDate));
            .orElse(0L)

        Long depositBalance = activityRepository
            .getDepositBalanceUntil(
                accountId.getValue(),
                baselineDate));
            .orElse(0L)

        return accountMapper.mapToDomainEntity(
            account,
            activities,
            withdrawalBalance,
            depositBalance);

    }

    @Override
    public void updateActivities(Account account) {
        for (Activity activity: account.getActivityWindow().getActivities())
        {
            if (activity.getId() == null) {
                activityRepository.save(accountMapper.mapToJpaEntity(activity));
            }
        }
    }

    private Long orZero(Long value) {
        return value == null ? 0L : value;
```

```
    }
  }
```

上面這個儲存層轉接器實作了這兩個應用程式需要的轉接埠：LoadAccountPort 與 UpdateAccountStatePort。

當我們想要從資料庫查詢帳戶資訊時，首先會從 AccountRepository 載入帳戶，然後再根據要查詢的時間區間，從 ActivityRepository 查詢出該帳戶的活動紀錄。

為了建立一個有效（通過驗證）的 Account 領域實體，我們還需要查詢時間區間之前的帳戶餘額資訊，所以接下來要從資料庫中查詢該帳戶所有提款與存款金額的總計。

最後，將查得的這些資料對應到 Account 實體上，並回傳給呼叫方。

當要修改（更新）帳戶狀態時，首先要遍歷（iterate，又譯迭代）Account 實體中的所有活動紀錄，確認是否為「已經有識別值 ID」的既有資料紀錄。如果不是的話，就表示該活動紀錄是一筆新加的活動，那麼就透過 ActivityRepository 保存到資料庫中。

可以看到，在上面的範例中，我們在 Account 與 Activity 的領域模型（domain model）之間，還有在 AccountJpaEntity 與 ActivityJpaEntity 的資料庫模型（database model）之間，進行著雙向對應（two-way mapping）。可能會有讀者感到疑惑：為何要這樣反覆來回對應呢？難道不能把「JPA 的註釋」設在 Account 類別與 Activity 類別之上就好，然後直接作為「實體」存入資料庫嗎？

後續在「第 9 章」中討論各種對應策略時，我們就會談到，這其實是屬於一種「不對應」（no mapping）的策略方案。但在 JPA 下採行這種方案時，會迫使我們在領域模型中做出一些妥協：例如 JPA 會強制要求實體必須提供無引數的建構子方法（a no-args constructor），又或者是，以儲存層的觀點來看，@ManyToOne 的關聯的確能夠增進效能，但是對於領域模型而言，當我們只需要部分資料時，卻希望是 @OneToMany 的關聯。

因此，要是我們不想被「底層的儲存層技術」限制、想要自由地建立一個充血領域模型，就必須得這樣來回地在「領域模型」與「儲存模型」之間轉換對應。

# 資料庫交易的問題

說了這麼多，還是沒有談到一個關於資料庫交易（database transaction）的議題：那就是資料庫交易階段的「頭尾」邊界在哪裡？

資料庫交易應該在某一個使用案例中，橫跨所有對資料庫進行的寫入作業（write operation），如此一來，萬一其中一個作業失敗了，才能在提交（commit）之前，將此交易階段中的這些「前面的所有作業」通通復原（rollback，或稱回復）。

只是對於儲存層轉接器來說，並不會知道哪些資料庫作業是屬於同一個使用案例下的作業，所以無法代為決定一個交易階段的開始與結束。於是這項職責就落到了呼叫儲存層轉接器的「服務」身上。

在 Java 與 Spring 中，要實現交易階段管理最簡單的方式，就是往應用程式服務的類別打上「@Transactional」這個註釋，這樣一來，Spring 就會把所有的公開方法（public method）都納入同一個交易階段中：

```
package buckpal.application.domain.service;

@Transactional
public class SendMoneyService implements SendMoneyUseCase {
    ...
}
```

但是，@Transactional 這類註釋功能背後的框架技術，不是會在寶貴的領域程式碼中，引入我們不想要的依賴關係嗎？是的，沒錯，我們確實會對這個註釋產生依賴，但這個依賴關係也讓我們獲得了交易處理的功能（transaction handling）！因此，我們不需要為了追求程式碼的 pure（單純或純粹）而自行建置交易機制。

# 如何讓軟體邁向可維護性的目標？

以近似於「隨插即用」的形式打造儲存層轉接器的用意，在於讓「領域程式碼」不會受到「儲存層實作技術」的干擾，好讓我們有完全的自由度，打造出一個充血領域模型。

至於分割「轉接埠介面」的用意，則是為了提高實作轉接埠時的彈性，在不干擾應用程式層的情況下，以不同的方式（甚至是不同的儲存層技術）去實作不同的轉接埠。只要實作的轉接埠介面相同，我們大可以將整個儲存層都替換掉也沒問題 [28]。

現在我們已經建立了一個領域模型和一些轉接器，接下來讓我們看看，我們如何測試它們，以及它們是否真的按照我們的期望來執行。

---

[28] 雖然我曾見過幾次這樣的情況（而且理由充分），但一般來說，需要將整個儲存層都替換掉的機率相當低。即便如此，擁有專門的儲存層轉接埠還是非常值得的，因為這樣能提高可測試性。例如，我們可以輕鬆實作一個記憶體儲存層轉接器（in-memory persistence adapter），並在測試中使用它。

# 架構測試

- 測試金字塔
- 領域實體的單元測試
- 使用案例的單元測試
- 網頁層轉接器的整合測試
- 儲存層轉接器的整合測試
- 系統主要路徑的系統測試
- 要多少測試才算夠？
- 如何讓軟體邁向可維護性的目標？

即使筆者見過許許多多的軟體開發專案，直到現在，仍舊搞不懂那些專案的測試方法論。因為每個人都認為自己是依照團隊 wiki 上的那些規則，以最適合的方式來編寫測試項目，但卻沒有一個人能夠回答，自己的團隊在測試上究竟是採用什麼策略。

所以本章的主要目標，就是為各位讀者提供一個在採用六角形架構時可行的測試策略（testing strategy）。針對架構中的每一個元素（element，組成要件），我們都會在本章中討論該如何測試。

# 測試金字塔

我們先以圖 8.1 中所描述的**測試金字塔（Test Pyramid）**為例 [29]，來討論測試方法論。所謂的「金字塔」其實只是一種比喻，用來方便我們決定應該進行「何種」測試以及「多少」測試。

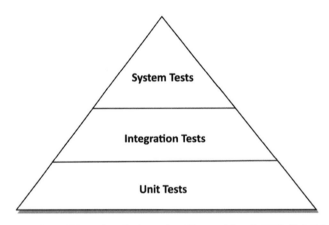

圖 8.1：由上而下分別是系統測試、整合測試、單元測試。在這樣的測試金字塔中，會進行大量的低成本測試，以及少量的高成本測試。

---

29 所謂的「測試金字塔」一詞，最初是由 Mike Cohn 在他 2009 年的著作《*Succeeding with Agile*》中所提出的。（【編輯註】博碩文化出版繁體中文版。）

這個測試方法論，簡單來說，就是利用大量的「易於建立」、「易於維護」、「執行快速」且「穩定」的細粒度測試項目（fine-grained test），來達到高測試覆蓋率。也就是以「單元」（unit，通常就是指「類別」）為單位，驗證該「單元」是否按照預期正常工作。

可是，一旦測試牽涉到多個單元，例如會跨單元邊界，甚至是跨架構邊界、跨系統邊界等情況，建立這種測試的成本就會快速攀升，執行起來也會趨緩，變得很不穩定（例如，其實功能面並沒有錯誤，而是因為某些設定有誤，而導致測試失敗）。所以測試金字塔要說的就是：要是測試項目的成本越高，就越不應該以這類測試作為高測試覆蓋率的工具。不然大部分的時間都會花在建立這些測試上，而不是開發新功能上了。

然而，對於不同的情境來說，測試金字塔可能會有不同的做法。

> **Note**
> 就以本書範例的六角形架構而言，在不同的架構層中測試時，這些「單元測試」、「整合測試」、「系統測試」等等，可能在定義上或認知上都會有所不同。

而更不用說，對於不同的專案來說，這些背後所指涉的可能又會是截然不同的另一種東西。因此，底下我們要先定義一下，這些詞彙在本章中所代表的意思：

- **單元測試（Unit Test）** 是金字塔的基礎。而所謂的單元測試，一般來說是以實例化（instantiate）某個類別的物件為始，然後根據其介面，逐一測試功能。就算該類別存在對其他類別的依賴關係，也不會在測試時產生連鎖的物件建立，而是會用模擬（mock）的方式來取代那些依賴對象，據此來模擬該依賴對象「類別」的行為而已。

- 金字塔的下一層是**整合測試（Integration Test）**。在這類測試中，會以多個「單元」建立起一張以單元構成的關聯網，然後再將「測試資料」透過作為這張關聯網「入口」的類別介面，送入網內，以此來驗證整張關聯網是否如預期般運作。而在本章的解讀中，整合測試將會跨越兩個架構層之間的邊界。所以與單元測試不同，整合測試中的依賴對象不一定會是模擬出來的，有可能會是實際在測試中建立的類別物件。

- 最後的**系統測試（System Test）**則是針對構成應用程式的「完整物件關聯網」進行驗證，以某種使用案例作為測試項目，驗證應用程式中所有的架構層是否皆如預期般運作。

不過，有時候在系統測試之上，還會再有一層將應用程式的使用者介面也納入的「點對點測試」（end-to-end tests）。但是在本書中，我們只會探討後端架構（backend architecture），因此不會考慮做點對點測試。

> **Note**
>
> 測試金字塔就像任何其他指引一樣，它並非制定測試策略時的萬靈丹。它是一個不錯的預設選擇，但如果在你的環境中，你能夠以較低的成本建立並維護整合測試或系統測試的話，你就可以（也應該）建立更多這種測試，因為它們不會像單元測試那樣容易受到實作細節變更的影響。這將使得金字塔的坡度看起來更為陡峭，甚至可能上下顛倒過來。

在定義了本章中會出現的各類測試之後，接下來就讓我們看看，以六角形架構來說，各架構層適合採用什麼測試策略。

# 領域實體的單元測試

首先，讓我們看看位處架構核心地位的領域實體。底下以「第 5 章」中的 Account 實體為例。一個 Account 實體的狀態包括了：以過去某個時間點為基準的帳戶餘額（基準餘額），以及自該時間點之後，發生的所有存款與提款活動（帳戶活動）。

假設現在要驗證 withdraw() 方法是否如預期般運作：

```
class AccountTest {

    @Test
    void withdrawalSucceeds() {
        AccountId accountId = new AccountId(1L);
        Account account = defaultAccount()
            .withAccountId(accountId)
```

```
                .withBaselineBalance(Money.of(555L))
                .withActivityWindow(new ActivityWindow(
                    defaultActivity()
                        .withTargetAccount(accountId)
                        .withMoney(Money.of(999L)).build(),
                    defaultActivity()
                        .withTargetAccount(accountId)
                        .withMoney(Money.of(1L)).build()))
                .build();

        AccountId randomTargetAccount = new AccountId(99L);
        boolean success = account.withdraw(Money.of(555L), randomTargetAccount);

        assertThat(success).isTrue();
        assertThat(account
                .getActivityWindow()
                .getActivities())
                .hasSize(3);
        assertThat(account.calculateBalance())
                .isEqualTo(Money.of(1000L));
    }
}
```

上面所示的測試項目屬於單純的單元測試類型，也就是以特定狀態實例化
（instantiate）Account 實體之後，呼叫 `withdraw()` 方法，然後驗證方法是否執行成
功，並對 Account 實體物件的狀態造成如測試中的預期影響。

這類測試易於建置、易於理解，執行起來也十分快速，大概沒有比這更簡單的測試方
式了。單元測試可以說是我們用來驗證領域實體中「業務規則」的最佳利器，而且，
由於領域實體很少會有對其他類別的依賴關係，所以幾乎不需要用到其他更複雜的測
試方式。

# 使用案例的單元測試

接下來繼續往外走，在架構中，下一個需要測試的元素是被實作為領域服務的使用案例。這邊我們以「第 5 章」中的 SendMoneyService 為例。這個「轉帳匯款」使用案例在成功從「轉出帳戶」提款後，就要將「提出的金額」存入「轉入帳戶」。我們想要透過測試，來驗證交易階段中的這一連串，是否如預期般運作：

```
class SendMoneyServiceTest {

    // 此處省略欄位宣告

    @Test
    void transactionSucceeds() {
        // given
        Account sourceAccount = givenSourceAccount();
        Account targetAccount = givenTargetAccount();

        givenWithdrawalWillSucceed(sourceAccount);
        givenDepositWillSucceed(targetAccount);

        Money money = Money.of(500L);

        SendMoneyCommand command = new SendMoneyCommand(
            sourceAccount.getId(),
            targetAccount.getId(),
            money);

        // when
        boolean success = sendMoneyService.sendMoney(command);

        // then
        assertThat(success).isTrue();

        AccountId sourceAccountId = sourceAccount.getId();
```

```
    AccountId targetAccountId = targetAccount.getId();

    then(sourceAccount).should().withdraw(eq(money), eq(targetAccountId));
    then(targetAccount).should().deposit(eq(money), eq(sourceAccountId));
    thenAccountsHaveBeenUpdated(sourceAccountId, targetAccountId);
}

// 底下省略 helper 輔助方法
}
```

為了讓測試項目更具可讀性，整體結構會以**行為驅動開發（behavior-driven development，BDD）**中常見的「GWT」，來區分為「上場」、「演出」、「回饋」三個階段。（GWT 是 given/when/then 的縮寫，即「條件－事件－結果」三段表達式。）

在「上場」的部分，首先會將「轉出帳戶」與「轉入帳戶」的 Account 實體物件建立出來，並以「given...()」這類前綴字樣的方法，來設定其狀態，使其就定位。除此之外，我們還會建立一個 SendMoneyCommand 物件，作為使用案例的輸入，之後到了「演出」的階段時，就會據此呼叫 sendMoney() 方法來觸發使用案例。最後的「回饋」階段，就要以斷言（assert）來驗收成果，確認交易階段是否執行成功，並針對「轉出帳戶」與「轉入帳戶」的 Account 實體物件，驗證這些物件上「該被呼叫到的方法」是否都有確實被執行。

在這背後讀者看不到的地方，我們有借助 Mockito 函式庫的功能，幫忙在 given...() 方法中模擬出需要的物件[30]。此外，測試項目尾端的 then() 方法，也是由 Mockito 函式庫所提供的，可以用於驗證**模擬物件（mock object）**中的某些方法是否在過程中有被呼叫到。

---

30 Mockito：https://site.mockito.org/。

> **Note**
>
> 如果過度使用的話，模擬（mocking）可能會帶來一種虛假的安全感。即使我們的測試結果為綠燈（即通過），模擬物件還是可能與真實情況有所不同，並在正式上線時出現問題。如果你可以在不花太多額外功夫的情況下使用真實物件（而非模擬物件），那麼你應該這樣做。在前述的範例中，我們或許可以選擇使用真實的 Account 物件（而非模擬物件）。這應該不會增加太多工作量，因為 Account 類別是一個領域模型類別（domain model class），它與其他類別之間沒有任何複雜的依賴關係。

因為本範例中測試的使用案例服務是無狀態的（stateless），我們無法在「回饋」階段驗證狀態，所以我們改為以那些模擬出的依賴對象為主，驗證「服務」是否有確實去呼叫物件中的某些方法。但這同時也代表著，測試項目將不只會被「行為」的改變影響、也會被「程式碼的結構」的改變影響，進而使測試項目變得不穩定。換言之，每當測試項目中的這些測試對象重構時，有很高的機率，我們會需要回過頭來修改測試項目。

考量到這一點，我們應該認真思考，哪些行為才是真正需要測試項目來驗證的。最好不要像上面的範例這樣，試圖驗證交易階段中的所有行為，而是應該針對「最重要的行為」就好。否則的話，每一次當你修改到測試項目中的這些測試對象類別時，就必須要連帶修改測試項目，這將減損測試本身的存在價值。

雖然在這個測試項目中出現了依賴關係之間的行為，幾乎就像是整合測試，但目前還算是在單元測試的分類。因為我們在測試項目中利用了模擬，而非採用實際的依賴對象，所以比整合測試要來得容易建立與維護。

# 網頁層轉接器的整合測試

再繼續向外，我們會來到架構當中的轉接器。接下來，就以一個網頁層轉接器（web adapter）作為測試的範例。

這邊再複習一次：所謂的網頁層轉接器，它會透過 HTTP 之類的協定，接收如 JSON 字串等等的輸入，然後對輸入資料做一定程度的驗證，將「輸入」對應成「使用案例

所需的格式」之後，再傳遞給使用案例。反之，也會將使用案例的回傳結果，對應回
JSON 字串之類格式，並再次透過「HTTP 回應」傳回去給用戶端。

在對網頁層轉接器的測試項目中，我們希望確保以上這些步驟都如預期般運作：

```java
@WebMvcTest(controllers = SendMoneyController.class)
class SendMoneyControllerTest {

    @Autowired
    private MockMvc mockMvc;

    @MockBean
    private SendMoneyUseCase sendMoneyUseCase;

    private static final String ENDPOINT
        = "/accounts/sendMoney/{sourceAccountId}/{targetAccountId}/{amount}";

    @Test
    void testSendMoney() throws Exception {

        mockMvc.perform(
                post(ENDPOINT, 41L, 42L, 500)
                .header("Content-Type", "application/json"))
                .andExpect(status().isOk());

        then(sendMoneyUseCase).should()
            .sendMoney(eq(new SendMoneyCommand(
                new AccountId(41L),
                new AccountId(42L),
                Money.of(500L))));
    }
}
```

上面所示的測試項目是一個標準的整合測試，針對一個用 Spring Boot 框架所編寫的 SendMoneyController 網頁層控制器。在 testSendMoney() 方法中，我們向網頁層控制器發送一個模擬的 HTTP 請求，藉此觸發從一個帳戶到另一個帳戶的交易。

接著，isOk() 方法就會告訴我們是否收到成功的 HTTP 200 回應，隨後則是驗證「模擬的使用案例類別物件」是否有被呼叫。

在這次的測試中，已經涵蓋了一個網頁層轉接器大部分的職責。

不過，我們並沒有實際測試 HTTP 協定，而是以 MockMvc 物件來模擬了這個部分。剩下的只能信任框架，會幫我們妥善地處理好 HTTP 協定方面的傳輸與溝通，沒有必要再針對框架進行測試。

但是其他的部分（包括從接到輸入資料之後，再將 JSON 格式對應轉換為 SendMoneyCommand 物件）都已經完整納入。要是我們如「第 5 章」中所述的那樣，把 SendMoneyCommand 設計為可自我驗證（self-validating）的命令物件的話，甚至就能順便完成使用案例在輸入上的語法驗證。當然，後續也包括了確認使用案例是否有被呼叫，以及 HTTP 回應結果是否為預期的狀態。

那麼，為什麼這屬於「整合測試」而非「單元測試」呢？儘管在測試項目中，看起來只是測試一個網頁層控制器而已，但其實背後牽涉到更多的東西。光是打上一個簡單的 @WebMvcTest 註釋，其實就會觸發 Spring 框架，把整個從「接收 HTTP 請求」、「Java 物件與 JSON 之間對應」，再到「驗證 HTTP 輸入」等等與此相關的一切關聯物件，通通都實例化出來。對於此測試項目來說，我們其實是在這張物件關聯網的底下，驗證「網頁層控制器」的部分而已。

由於網頁層控制器本來就與 Spring 框架緊密相關，因此，比起切割開來單獨測試，採用整合測試的方式其實更加合理。如果在網頁層控制器上採用的是單元測試，就無法測試到「資料對應」、「資料驗證」還有「與 HTTP 相關的部分」了，我們也永遠無法確定正式上線後是否真能如預期般運作，因為這只是整個框架機器中的一個小齒輪而已。

# 儲存層轉接器的整合測試

與網頁層轉接器類似，儲存層轉接器的測試也應該採用整合測試（而非單元測試），這樣才能同時驗證到轉接器本身的程式邏輯，以及與資料庫之間的對應轉換。

這邊我們以「第 7 章」中的儲存層轉接器作為範例的測試對象。轉接器中有兩個方法——其中一個方法是從資料庫中查詢出 Account 實體，另一個方法則是在有「新的帳戶活動」時，更新回資料庫中：

```
@DataJpaTest
@Import({AccountPersistenceAdapter.class, AccountMapper.class})
class AccountPersistenceAdapterTest {

    @Autowired
    private AccountPersistenceAdapter adapter;

    @Autowired
    private ActivityRepository activityRepository;

    @Test
    @Sql("AccountPersistenceAdapterTest.sql")
    void loadsAccount() {
        Account account = adapter.loadAccount(
            new AccountId(1L),
            LocalDateTime.of(2018, 8, 10, 0, 0));

        assertThat(account.getActivityWindow()
                .getActivities())
                .hasSize(2);
        assertThat(account.calculateBalance())
                .isEqualTo(Money.of(500));
    }

    @Test
```

```
        void updatesActivities() {
            Account account = defaultAccount()
                .withBaselineBalance(Money.of(555L))
                .withActivityWindow(new ActivityWindow(
                    defaultActivity()
                        .withId(null)
                        .withMoney(Money.of(1L)).build()))
                .build();

            adapter.updateActivities(account);

            assertThat(activityRepository.count()).isEqualTo(1);

            ActivityJpaEntity savedActivity = activityRepository
                    .findAll()
                    .get(0);
            assertThat(savedActivity.getAmount()).isEqualTo(1L);
        }
    }
```

利用 @DataJpaTest 註釋，就能觸發 Spring 框架，把與「資料庫存取」相關的關聯物件，包括「與資料庫連線的 Spring Data 儲存庫」等等，都實例化出來。此外，這裡還使用了 @Improt 註釋語法，把一些物件也加進了這個物件關聯網中。這些物件是在測試時，當轉接器要把「輸入的領域物件」對應為「資料庫物件」的時候，會需要用到的物件。

接著，在 loadAccount() 的測試方法中，我們先用 SQL 語法設定了資料庫的狀態（AccountPersistenceAdapterTest.sql），然後再透過轉接器 API 把帳戶資料讀取出來，驗證是否與「先前以 SQL 語法設定到資料庫中的狀態」一致。

至於 updateActivities() 測試方法則是反過來，先是建立一個有著新帳戶活動紀錄的 Account 物件，再交給轉接器保存進去。然後，我們再透過 ActivityRepositiory 的 API 來確認活動紀錄是否已被存入資料庫中。

在上面的這些測試中，我們並沒有模擬資料庫，所以這些測試動作是「真的」都會連到一個資料庫去。要是模擬了資料庫，雖然還是能夠測試同樣的程式碼、達到同樣程度的測試覆蓋率，但是在高測試覆蓋率的背後，卻無法藉由「真實的資料庫」來驗證 SQL 語法的正確性，或是驗證「Java 物件」與「資料表」之間的對應正確性。如此一來，即便通過了測試，還是有很高的機率會在正式上線後出現錯誤。

預設情況下，Spring 框架會協助我們在測試時準備一個記憶體空間資料庫（in-memory database），這非常實用，我們不需要預先準備任何東西，馬上就可以用來測試。但這個記憶體空間資料庫，與正式上線後所用的資料庫，很可能不太一樣，所以還是有一定的機率，在測試時可以用記憶體空間資料庫順利運作，但到了正式環境時卻出現問題。畢竟，各家的資料庫技術都很愛以自己的風格來實作 SQL。

也正是因為如此，最好還是要以「實際的資料庫」來測試「儲存層轉接器」。在這一點上，可以利用 **Testcontainers** 函式庫來幫助我們，依需求啟動一台附有資料庫的 Docker 容器（container）[31]。

以「實際的資料庫」進行測試，就可以不用在「測試」與「正式」兩種環境之間處理不同資料庫的議題。要是在測試時採用記憶體空間資料庫，就必須先針對這類資料庫做設定，或者，針對正式環境中不同類型的資料庫，在測試時，就必須想辦法將這些資料庫的設定，轉換為適合記憶體空間資料庫的設定——這對於測試的可維護性來說，是一個巨大的負擔。

## 系統主要路徑的系統測試

在整個測試金字塔的頂端，我稱之為**系統測試**。在系統測試中，會啟動完整的應用程式，然後透過 API 介面發送請求，驗證所有的架構層是否都如預期般運作。

六角形架構的重點，是在我們的應用程式與外界之間，建立一個明確定義的邊界。這樣做，在設計上，能讓應用程式的邊界具備良好的可測試性。倘若需要在本地端測試

---

31 Testcontainers：https://www.testcontainers.org/。

我們的應用程式，我們只需將「轉接器」替換為「模擬轉接器」（mock adapter）就可以了，如圖 8.2 所示。

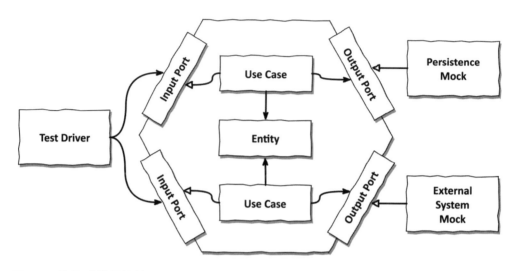

圖 8.2：使用「模擬轉接器」取代「轉接器」，我們就可以在不依賴外界的情況下執行並測試我們的應用程式。

在左側，我們可以將「輸入轉接器」替換為「測試驅動程式」（Test Driver），該測試驅動程式會呼叫應用程式的「輸入轉接埠」，來與其進行互動。「測試驅動程式」可以實作特定的測試情境，在自動化測試期間模擬（simulate）使用者的行為。

在右側，我們可以將「輸出轉接器」替換為「模擬轉接器」，這些「模擬轉接器」會模擬「真實轉接器」的行為，並返回事先指定的值 [32]。

這樣一來，我們就可以建立完整涵蓋應用程式「六角形」的「應用程式測試」（application test），涵蓋的範圍從輸入轉接埠，到領域服務和實體，再到輸出轉接埠。

---

32 與其稱之為 mock（模擬物件），或許你應該稱它為 fake（譯為假物件）或 stub（譯為虛設常式或替身樁），這取決於你問誰，以及你在測試中做什麼。每個術語在語意上似乎都有些許不同，但總結來說，它們都用「模擬」的東西來替換「真實」的東西，以用於測試。在一般情況下，我是「精確命名事物」的支持者，但在這種情況下，我不認為討論 mock 與 stub 之間的界限（或細微差別）有何助益就是了。

然而我會主張，我們的目標不應該是編寫這種模擬「輸出入轉接器」的「應用程式測試」，而是應該編寫「系統測試」，其涵蓋從「真實輸入轉接器」到「真實輸出轉接器」的整個完整路徑。這些測試可以揭露出我們模擬「輸出入轉接器」時捕捉不到的程式缺陷（bug）。這些程式缺陷包括層與層之間的對應錯誤（mapping error），或者純粹是應用程式與其正在通訊的外部系統之間的錯誤期望（wrong expectation）。

這種「系統測試」要求我們在測試的設置中，啟動我們應用程式需要通訊的「真實外部系統」。

舉例來說，在輸入端，我們需要確保可以對應用程式進行真實的HTTP呼叫，這樣「請求」就會通過我們「真實的網頁層轉接器」來進行。這應該很容易，因為我們只需在本地端啟動應用程式，讓它像在正式環境中一樣監聽HTTP呼叫。

舉例來說，在輸出端，我們需要啟動一個真實的資料庫，這樣我們的測試就可以通過「真實的儲存層轉接器」來進行。如今大多數的資料庫都有提供一個Docker映像檔（image），我們可以在本地端啟動它，進而簡化了操作。如果我們的應用程式需要與一個非資料庫的第三方系統互動，我們還是應該嘗試找到（或建立）一個包含該系統的Docker映像檔，這樣就可以透過啟動一個本地端Docker容器（a local Docker container）來測試我們的應用程式。

如果某個外部系統沒有Docker映像檔可用，我們可以編寫一個自訂的模擬輸出轉接器（a custom mock output adapter），來模擬（simulate）真實的系統。六角形架構讓我們可以輕鬆地利用該「模擬輸出轉接器」取代「真實輸出轉接器」，進而達到測試的目的。後續如果有Docker映像檔可用，那麼我們就可以不費吹灰之力地切換到「真實輸出轉接器」。

當然，使用模擬轉接器（而非真實轉接器）來測試也是有其道理的。舉例來說，假設我們的應用程式在多個profile中執行，且每個profile都使用不同的（真實）輸出入轉接器（這些輸出入轉接器是透過相同的輸出入轉接埠來實作的），那麼我們可能會希望，測試可以將「應用程式中的錯誤」與「轉接器中的錯誤」區隔開來。在這種情況下，只涵蓋六角形的「應用程式測試」正是我們需要的工具。然而，對於「帶有資

料庫的標準網頁應用程式」來說，由於其輸出入轉接器都是相對靜態（static）的，因此，我們可能會希望專注於「系統測試」。

一個系統測試是什麼樣子呢？就以「轉帳匯款」使用案例的系統測試為例。我們會發送一個 HTTP 請求到應用程式中，然後驗證「HTTP 回應」以及「轉帳後的帳戶餘額」是否正確無誤。

在 Java 與 Spring 中，看起來會像這樣：

```java
@SpringBootTest(webEnvironment = WebEnvironment.RANDOM_PORT)
class SendMoneySystemTest {

    @Autowired
    private TestRestTemplate restTemplate;

    private static final String ENDPOINT
        = "/accounts/sendMoney/{sourceAccountId}/{targetAccountId}/{amount}";

    @Test
    @Sql("SendMoneySystemTest.sql")
    void sendMoney() {

        Money initialSourceBalance = sourceAccount().calculateBalance();
        Money initialTargetBalance = targetAccount().calculateBalance();

        ResponseEntity response = whenSendMoney(
            sourceAccountId(),
            targetAccountId(),
            transferredAmount());

        then(response.getStatusCode())
            .isEqualTo(HttpStatus.OK);

        then(sourceAccount().calculateBalance())
            .isEqualTo(initialSourceBalance.minus(transferredAmount()));
```

```java
        then(targetAccount().calculateBalance())
            .isEqualTo(initialTargetBalance.plus(transferredAmount()));
    }

    private ResponseEntity whenSendMoney(
        AccountId sourceAccountId,
        AccountId targetAccountId,
        Money amount) {

        HttpHeaders headers = new HttpHeaders();
        headers.add("Content-Type", "application/json");
        HttpEntity<Void> request = new HttpEntity<>(null, headers);

        return restTemplate.exchange(
            ENDPOINT,
            HttpMethod.POST,
            request,
            Object.class,
            sourceAccountId.getValue(),
            targetAccountId.getValue(),
            amount.getAmount());
    }

    // 底下省略一些 helper 輔助方法
}
```

利用 @SpringBootTest 註釋，就能觸發 Spring 框架，把整個應用程式相關的關聯物件全都建立起來。在上面的範例中，則另外以隨機網路埠（random port）的方式，設定了應用程式的對外埠。

接著，在測試方法中，就只是簡單地建立了一個網路請求、發送給應用程式，然後確認「收到的回應狀態」以及「更新後的帳戶餘額」而已。

這邊可以看到，與先前測試「網頁層轉接器」時不同，我們並不是利用 MockMvc 而是利用 TestRestTemplate 來發送網路請求。這表示這次是來真的，讓「測試」盡可能地接近「正式環境」中會發生的事情。

就像 HTTP 是來真的一樣，這邊也會實際地測試到「輸出轉接器」。在本範例中，這個「輸出轉接器」是負責應用程式與資料庫之間連線的轉接器，而當應用程式需要與其他外部系統溝通時，也會有相對應的其他輸出轉接器負責。但即使是「系統測試」的層級，也不太可能真的準備好「所有的第三方外部系統」用於測試，所以這部分終究還是只能依靠模擬了。不過，至少在六角形架構中，這一點很容易做到，因為只要針對那些「輸出轉接埠介面」安插模擬就好。

請注意，在本書中，筆者已經盡可能地提高了測試項目的可讀性，利用一些輔助方法（helper method），把那些繁雜的程式邏輯隱藏起來。這些方法會形成一種 DSL（Domain-Specific Language，特定領域語言，或領域專用語言），用來幫助我們在測試中驗證狀態。

雖然不論是哪一種類型的測試，像這樣的 DSL 都是提高可閱讀性的一件好事，但是對於「系統測試」而言，這一點尤其重要。因為比起「單元測試」或是「整合測試」，「系統測試」更接近真實使用者在使用應用程式的情況，所以「系統測試」等於是以使用者的觀點來驗證應用程式。而只要擁有這些合適的共通語言，就能更好地體現出使用者觀點。對於那些最能代表使用者，且不一定具備程式開發背景的領域專家（domain expert）來說，這也方便他們理解測試項目的內容，並提供意見與回饋。有些以行為驅動開發為主的函式庫，例如 JGiven[33]，就可以提供一種框架，方便我們建立測試時的用語。

要是讀者有先按照前面所說的建立起單元測試與整合測試項目，那麼可能會想，系統測試的大部分其實都已經在那些項目中測試過了，這樣重複測試有什麼好處嗎？當然有了。因為我們往往可以在系統測試中，發現一些單元測試及整合測試所無法察覺的

---

33 JGiven：http://jgiven.org/。

程式缺陷（bug），像是架構層之間的對應轉譯，就是在單元測試與整合測試中可能無法被測試到的部分。

我們還可以利用系統測試，將多個使用案例結合起來，建立出使用情境（scenario），讓系統測試發揮真正的價值。每一種使用情境都代表了「使用者從開始到結束，如何使用這份應用程式」的某種方式，要是在系統測試時，就連「最重要的使用情境」都能通過測試，那就代表這次的修改並未破壞應用程式，並且隨時可以準備上線。

# 要多少測試才算夠？

筆者參與過許多專案，而許多的專案團隊都有同樣的疑問：我們應該要做多少測試才算足夠？是測試覆蓋率要達到 80% 嗎？還是需要更高才夠？

但其實「程式覆蓋率」（line coverage）並不能用於評估「測試」的有效性。除非真的是 100%，否則的話，程式覆蓋率這項數據的意義其實不大，因為很有可能 code base 中最重要的部分偏偏就落在了沒有被覆蓋到的那一邊[34]。而就算是 100% 的覆蓋率，我們也很難斷定所有的程式缺陷都有被測試出來。

筆者的建議是以發佈軟體的流暢度來評估「測試」是否有效。要是在執行一次測試作業之後，就讓你能夠安心地發佈軟體，那當然很好。只要我們越常發佈軟體，就越能累積對測試的信任度。萬一在一年當中，只會有兩次發佈軟體的機會，那麼就沒人能夠說得準「這些測試是否有效」，因為整年下來，就只有兩次可以證明的機會。

換句話說，剛開始的前幾次，我們需要給自己一點信心來支援測試作業，只要上線到正式環境之後有發現任何缺陷，就盡快修正，那麼很快就能獲得良好的循環。而每當從正式環境發現缺陷時，就要問自己一個問題：『**為什麼測試的時候，沒有找出這個程式缺陷？**』把問題的答案記錄下來，然後以測試項目來補強。隨著時間過去，我們

---

34 如果讀者想要了解更多關於「100% 的測試覆蓋率」的資訊，可以參考我的文章，文章的標題有點誇張：Why you should enforce 100% code coverage（https://reflectoring.io/percent-test-coverage/）。

就會逐漸累積對測試有效性的信心，而這份隨著時間累積的改善紀錄，就是最好的評估指標。

當然，萬事起頭難，所以剛開始還是需要先定義一份測試策略才行。對於本書所採用的六角形架構來說，測試策略如下所示：

- 要實作領域實體時，請採用單元測試。

- 要實作使用案例時，請採用單元測試。

- 要實作轉接器時，請採用整合測試。

- 針對最重要的應用程式使用情境，請採用系統測試。

請留意「要實作時」（while implementing）這個說法：這表示測試項目應該是在一項功能的「開發時」就要編寫了，而不是等「開發完了」才來準備測試項目——讓測試成為你在開發時的助力，而不是阻力。

但要是你發現每當新增一個類別欄位時，就要花上一個小時來重新修正測試項目的話，那就表示很有可能哪裡出錯了。比方說，測試項目可能太容易受到程式碼中的結構變化影響，應該要思考如何改善這個情況。要是每一次重構時都要修改測試項目，這會讓測試失去原有的價值。

## 如何讓軟體邁向可維護性的目標？

六角形架構設計明確地將「領域邏輯」與「面向外部的轉接器」切割開來，有助於我們定義清楚的測試策略，在核心的領域邏輯上採用單元測試，而在轉接器上則採用整合測試。

輸出入的轉接埠提供了明確的接點，方便我們在測試時安插模擬。我們也可以針對不同的轉接埠，決定是否要提供真正的實作。如果轉接埠的規模夠小、夠精準的話，那麼模擬起來也比較輕鬆。畢竟，只要轉接埠介面中的方法數量越少，我們就不用在那邊傷腦筋思考測試時需要模擬哪些方法了。

要是發現測試時的模擬成為了一種負擔，又或者是根本不知道 code base 中的某部分應該採用何種測試策略才好，就表示出現了警訊。但反過來想，這表示測試還可以是我們的金絲雀（canary，即預警器或警告的作用）——警告我們在架構設計上出現了缺陷（flaw），然後指引我們，讓 code base 回到「邁向可維護性的目標」的正確道路上。

到目前為止，我們主要是在獨立的情況下討論我們的使用案例和我們的轉接器。它們彼此之間是如何交流的呢？在下一章中，我們將探討「如何設計資料模型（data model）」的策略，這些資料模型將構成使用案例和轉接器之間的共同語言（common language）。

# 架構層之間的對應策略

- 不對應策略（No Mapping）

- 雙向對應策略（Two-Way Mapping）

- 全部對應策略（Full Mapping）

- 單向對應策略（One-Way Mapping）

- 如何選擇要採用的策略？

- 如何讓軟體邁向可維護性的目標？

在先前的章節當中，我們談到了網頁層、應用程式層、領域層、儲存層等架構層，以及這些架構層在實作使用案例時各自扮演了什麼角色。

然而，我們還沒有觸及每一個架構層都會遇到的，也就是架構層之間的對應（mapping，又譯映射或對映）難題。筆者敢打賭，讀者們應該或多或少都曾爭論過，是否要在「不同的架構層」中採用「相同的模型」，以此來迴避「對應」的難題。

而且每個人都應該有過下面這樣的想法：

**支持「對應」的開發者會說：**

『如果不對應的話，就需要在這些架構層之間共用模型，而這會讓架構層耦合在一起。』

**反對「對應」的開發者會說：**

『但如果每一個架構層之間都要做對應的話，就會產生大量的、全都長得差不多的程式碼，對於許多只是單純在做 CRUD（Create、Read、Update、Delete，也就是所謂的增刪修查）而且可以在架構層之間共用相同模型的使用案例來說，實在是沒必要。』

雖然看起來這兩種說法只有一種能夠成立，但其實這兩種說法都是有道理的。接下來，就讓我們探討各種對應策略，以及這些策略的優缺點，看看能否幫助曾有以上經驗的開發人員們做出決定。

# 不對應策略（No Mapping）

第一種策略當然就是完全不做對應：

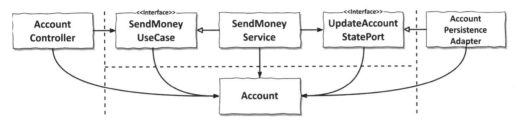

圖 9.1：如果轉接埠介面直接以「領域模型」作為輸出入的模型，那麼就不需要「對應」了。

我們這邊就以 BuckPal 範例應用程式的「轉帳匯款」使用案例，以及使用案例中的相關元件作為範例，如圖 9.1 所示。

在網頁層中的網頁層控制器（web controller）會呼叫 SendMoneyUseCase 介面執行使用案例，而這個介面則是以 Account 物件作為引數（argument）。這表示「網頁層」與「應用程式層」同時都需要擁有 Account 這個類別的存取權——這兩個架構層共用了同一個模型。

至於「應用程式層」與「儲存層」之間也是一樣的情況。現在，既然大家都共用著同一個模型，那就不需要在這些架構層之間做對應轉譯了。

可是這樣做會有什麼後果呢？

網頁層與儲存層可能會對「模型」有著各自的特殊需求。比方說，網頁層可能會需要在模型類別中加上某些註釋、把該欄位序列化為 JSON 資料格式之類的。而儲存層也是，如果我們採用某類 **ORM（object-relational mapping，物件關係對應）** 框架技術的話，就可能會需要加上特定的註釋來定義資料庫對應。

而如果把這些特定需求套用到這份範例當中，就會演變成，不論其他的領域層或應用程式層是否與這些需求有關，都必須實作在 **Account** 這個領域模型類別中。這樣一來，

我們就不只有一個理由，而是有同時來自網頁層、應用程式層及儲存層的多個理由，去修改到 Account 這個類別了，很顯然地，這違反了「單一職責原則」（SRP）。

就算撇開「技術性需求」不說，每個架構層也可能會想在 Account 類別中加上各自需要的欄位。這種某些欄位與某個架構層有關、其他欄位又與其他架構層有關的情況，將使得領域模型支離破碎。

但這是否代表我們永遠不應該採用「不對應策略」呢？當然不是。雖然上面講了這麼多問題點，但「不對應策略」其實還是有它可用武之地。

就以 CRUD 這類單純的使用案例來說吧。真的有必要在都是同樣資料欄位的情況下，一路從「網頁層模型」對應到「領域層模型」，再從「領域層模型」對應到「儲存層模型」嗎？實在沒此必要。

這樣的話，領域模型中的 JSON 或 ORM 註釋又怎樣呢？會對我們造成影響嗎？如果只是需要在「儲存層」變動時，稍微修改一下領域模型中的一、兩個註釋，似乎看起來影響不大。

只要你能確定，所有的架構層都需要同樣的資訊（而且資料結構完全相同），那麼其實大可以採用「不對應策略」就好。

然而，一旦需要在應用程式層或領域層中，去處理除了「註釋」這類以外的網頁層或儲存層需求，就應該認真考慮採用其他的對應策略選項。

所以在這裡我們要告訴本章開頭那兩位開發人員一件事情：即使是原本已經決定好的對應策略，在將來還是有可能需要改變。

就筆者個人的經驗而言，很多時候，使用案例往往起初只是單純的 CRUD 類型，但隨著時間過去，卻有可能發展成具備多樣行為、執行各種驗證，並且需要更複雜對應策略的完整業務使用案例（a full-fledged business use case）。當然，也是有可能就此繼續保持在單純的 CRUD 狀態，此時我們就能額手稱慶，不用改變原先的對應策略啦。

# 雙向對應策略（Two-Way Mapping）

當所有的架構層都有各自專屬的模型時，就需要使用所謂的「雙向對應策略」，如圖 9.2 所示：

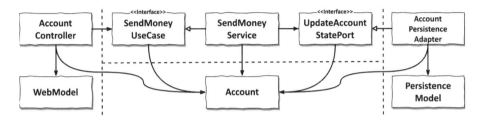

圖 9.2：由於轉接器都有各自的模型，因此需要在「領域模型」與「自己的模型」之間來回對應。

架構層各自都有一份模型，而且資料結構也可能與領域模型完全不同。

所以對於「輸入轉接埠」來說，就需要網頁層將「網頁層的模型」對應為「領域層的模型」；而當透過「輸入轉接埠」把「領域物件」傳回時，也需要再對應回「網頁層模型」才行。

同樣地，儲存層也要負責處理「輸出轉接埠的領域模型」與「儲存層模型」之間的對應。

這些架構層之間的對應轉譯都是有來有回的，所以這種策略才會被稱為「雙向對應策略」。

既然各架構層都有自己的模型，這也代表，只要資料內容還是一樣的，無論模型怎麼修改，都不會去影響到其他架構層。舉例來說，「網頁層的模型」可以採用最適合用於呈現資料的結構；「領域層的模型」可以採用最適合實作使用案例的結構；而「儲存層的模型」可以根據 ORM 框架技術的需求，採用將物件保存至資料庫時所需要的結構。

而且這種對應策略也能幫助我們保持領域模型的整潔，讓它不會受到「網頁層」或「儲存層」關注點擴散的影響。你不會在領域層模型中看到 JSON 或 ORM 這種在對應上所需的註釋，可以很好地遵守「單一職責原則」。

先撇開「不對應策略」不說，「雙向對應策略」的另一個好處是，比起其他的對應策略，它可以說是在概念上最單純的策略了，畢竟要做的事情非常明確：

- 處於外層的架構層或轉接器，要負責幫內層的架構層處理好模型對應。

- 處於內層的架構層，只需要專心管理好自身的模型及領域邏輯，而無須煩惱與外層的架構層之間的對應。

不過，所有事情有好的一面，也會有壞的一面。

首先，「雙向對應策略」往往會產生大量的「重複程式碼」（boilerplate code，又稱樣板程式碼）。就算利用市面上的各式對應框架，來想辦法減少這類程式碼的數量，也還是需要一定的時間和心力，去實作模型之間的對應。這是因為偵錯（debugging）這些對應邏輯是一件十分艱苦的差事——尤其是當我們採用了前述的對應框架，把「實際的運作原理」隱藏在各種泛型程式碼（generic code）與反映（reflection）技術背後時。

「雙向對應策略」的另一缺點是，無論是輸入轉接埠還是輸出轉接埠，都會需要用到領域物件作為輸入參數（input parameter）及回傳值（return value）。轉接器將這些領域物件對應到它們自己的模型，但這樣仍然會在層與層之間產生一定程度的耦合。相較之下，引入一個專用「傳輸模型」（transport model）可以降低這種耦合。接下來討論「全部對應策略」時，會說明為什麼。

因此，就如同「不對應策略」那樣，「雙向對應策略」也不是什麼萬靈丹。但許多專案都將其視為至高無上，即便今天只是面對單純的 CRUD 使用案例，也還是固執地套用到 code base 中的所有角落。這種做法會無可避免地拖慢了開發的進度。

任何對應策略都不該被奉為圭臬，而是要依照使用案例的不同，去採取最合適的做法才對。

# 全部對應策略（Full Mapping）

接下來，我們要介紹另一種策略，筆者稱之為「全部對應策略」，如圖 9.3 所示：

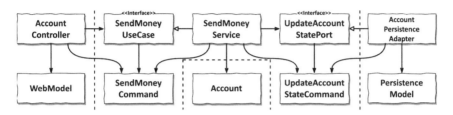

圖 9.3：每一種作業都有各自的模型，所以不論是「網頁層轉接器」或是「應用程式層」，
　　　　 都需要根據執行的作業不同，來處理模型之間的對應。

這種對應策略是以作業（operation）作為單位，來對輸出入模型進行切割。換句話說，
在架構層之間不是採用領域層模型作為溝通方式，而是隨著不同的作業使用不同的模
型，例如上圖中的 SendMoneyUseCase 就是以 SendMoneyCommand 之類的「命令」或
「請求」作為輸入模型。

於是「網頁層」要負責將其輸入模型對應為「應用程式層」的某種命令物件（command
object）。這種命令物件的設計，會讓「應用程式層」的樣貌極為明確，可以說是幾
乎沒有模糊空間。每一種使用案例都有其對應的命令，該命令內則有著該命令所需的
欄位與驗證要求。再也不用費心瞎猜哪一些欄位要填入值、哪一些欄位則要留空，否
則就是違反了當前使用案例的驗證規則。

至於應用程式層，則是隨著使用案例不同，根據修改領域模型的需求，再把命令物件
對應為需要的樣貌。

當然了，與「網頁層模型和領域層模型之間的對應」相比，這種「從某一層對應到許
多不同命令的對應」，也就代表著需要更多的對應程式碼（mapping code）。但是，
比起把許多使用案例的對應都集中在一處，這種對應做法在實作與維護上還是輕鬆許
多。

不過，筆者同樣不會將這種對應策略稱作萬用解法。這種做法最適合發揮的場域是在「應用程式層」與「網頁層」（或與其他輸入轉接器）之間，以便明確地將應用程式中那些會變更「狀態」的使用案例凸顯出來。至於在「應用程式層」與「儲存層」之間，我不會鼓勵採用這種策略，那樣的對應成本太高了。

一般來說，筆者會將這種對應策略僅套用於作業的「輸入模型」之上，至於「輸出模型」，則可能直接採用領域物件就好。以 SendMoneyUseCase 為例，在最後要回報「轉帳後的餘額」時，直接將一個 Account 物件回傳回去就好。

這告訴了我們一件事：對應策略是「可以」而且也「應該」視情況混用的。千萬不要輕易地把任何對應策略捧上天，一體適用地套用在所有的架構層中。

# 單向對應策略（One-Way Mapping）

最後還剩下一個同樣有好有壞的對應策略要介紹，那就是如圖 9.4 所示的「單向對應策略」：

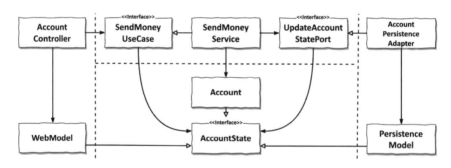

圖 9.4：只要讓「領域模型」與「轉接器模型」都實作同一種「狀態」介面，這樣不管實際從其他架構層收到什麼物件，只要單向地對應就好。

在此策略中，所有架構層的模型都會實作同一種介面，以「對應的 getter 存取器方法」存取「對應的屬性（attribute）」這種方式，把「領域模型的狀態」封裝隱藏起來。

這樣一來，就可以在領域模型中實作各式各樣的行為，應用程式層可以透過服務來存取它們。而當我們想要把領域物件傳到外層架構層時，也可以在不做對應的情況下直接傳出，因為領域物件已經實作「輸出入轉接埠」要求的狀態介面（state interface）了。

對於外層架構層來說，則是可以決定不做對應轉譯、直接根據介面操作，或者更進一步，單向地對應為自身所需的模型。你也不用擔心領域物件的狀態會被不小心變更，因為這類修改的行為並不會顯示在狀態介面之上。

至於從外層架構層傳入應用程式層的物件，也同樣實作了這個狀態介面。應用程式層則需要把物件對應為真正的領域模型，才能進一步存取其行為。此時，**DDD（領域驅動設計）** 概念中的工廠設計模式（Factory）就能被應用在這類對應策略當中。所謂 DDD 概念中的工廠設計模式，指的是從某種狀態資訊重建出一份領域物件的做法，也就是這邊所說的應用程式層對應 [35]。

要做的事情也很明確：當我們從另一個架構層收到一份物件時，就將其對應為此架構層運作所需的樣貌。因此，所有的架構層中所做的對應都是單向的，故稱之為「單向對應策略」。

不過，由於對應轉譯的作業被分散在各個架構層中，因此從概念上來講，這個對應策略實作起來會比其他策略還要困難。

只有在各架構層的模型差異性不大的情況下，這種對應策略才能發揮最大的用處。比方說，以「唯讀作業」為例，這種情況下網頁層很有可能根本不用做對應，因為僅透過狀態介面，就可以取得所有需要的資訊了。

---

35 請參閱《*Domain-Driven Design*》，Eric Evans 著，Addison-Wesley 出版，2004 年，原文書第 158 頁，博碩文化出版繁體中文版《領域驅動設計：軟體核心複雜度的解決方法》，中譯本第 157 頁。

# 如何選擇要採用的策略？

這是一個大家都想問的問題，對吧？

但答案一如既往地要讓各位讀者失望了：那就是『視情況而定』。

因為每一種對應策略各有千秋好壞，所以不應該只將某種策略視作金科玉律，然後套用到整個 code base 中。一般來說，之所以會有這種想法，是因為我們直覺地認為在同一個 code base 中混用不同的設計模式，似乎不夠整潔。但直截了當地說吧，就只是為了滿足自己心理層面上的整潔，而把設計模式套用在並非其最適合的用途之上，這就是一種不負責任的做法。

此外，一份軟體專案隨著時間過去，今天看起來最適合的策略，搞不好到了明天就不適合了。所以與其固執地一直採用同一種對應策略，應該要先以能配合我們快速開發程式碼的「單純策略」開始，然後再根據解耦合架構層的需求，逐漸發展為「更複雜的策略」。

但為了在團隊中形成共識，告訴我們應該在「何時」以及採用「何種」對應策略，還是需要一份決策指引（guideline）才行。決策指引中也必須能夠回答「為何這個策略會是首選」，這樣子才能夠在一段時間之後，回頭檢視並評估當初採用的理由是否依舊存在。

此外，你還可以根據使用案例是修改類型的、還是查詢類型的，來制定不同的對應策略決策指引。同樣地，網頁層與應用程式層之間，還有應用程式層與儲存層之間，也可以根據各自的情況和需求，來制定不同的決策指引。

決策指引的內容看起來可能如下所示：

> **如果使用案例是屬於修改類型的**，那麼網頁層與應用程式層之間應該優先考慮採用「全部對應策略」，這樣才不會讓使用案例耦合在一起。讓每一種使用案例的驗證規則更明確，也不用處理不是該使用案例需要的欄位。

**如果使用案例是屬於修改類型的**，那麼應用程式層與儲存層之間應該優先考慮採用「不對應策略」，這樣才能加快程式開發，不用把時間心力耗費在處理對應之上。但如果之後面臨要在應用程式層中處理儲存層議題的情況，那就應該考慮改用「雙向對應策略」，才不會讓儲存層去影響到應用程式層。

**如果使用案例是屬於查詢類型的**，那麼網頁層與應用程式層之間，以及應用程式層與儲存層之間，應該優先考慮採用「不對應策略」，這樣才能加快程式開發，不用把時間心力耗費在處理對應之上。但如果之後面臨要在應用程式層中處理網頁層或儲存層議題的情況，那就應該考慮在網頁層與應用程式層之間，或是在應用程式層與儲存層之間，改用「雙向對應策略」。

為了能夠貫徹實行這些決策指引，這些決策指引應該深深地刻在每一位開發人員的腦海中。所以團隊必須一起付出心力，來共同討論並持續修改這些決策指引。

# 如何讓軟體邁向可維護性的目標？

輸出入轉接埠相當於是應用程式中「各架構層之間」的守門員角色，定義了架構層之間應如何溝通，以及如何在架構層之間進行對應轉譯。

如果根據不同的使用案例安排不同的轉接埠，便能針對不同的使用案例採取不同的對應策略，甚至，當隨著時間過去，需要改變策略時，也不會去影響到其他使用案例。這讓我們更願意依「當下的情況」採取最合適的對應策略。

當然，這種「隨著不同情況，採取不同對應策略」的做法有著一定的難度，而且比起一體適用同一種策略的做法，需要投入更多的溝通和心力。但只要妥善地制定我們的對應策略決策指引，就能讓 code base 運作得更加完美、更容易維護。

既然我們已經知道，是那些元件構成了我們的應用程式，以及它們之間如何溝通，我們就可以接著探索，如何將這些不同的元件組裝成為一個可運作的應用程式。

# 10

# 應用程式組裝

- · 組裝是有什麼好談的？
- · 透過純程式碼組裝
- · 透過 Spring 的類別路徑掃描功能來組裝
- · 透過 Spring 的 Java Config 來組裝
- · 如何讓軟體邁向可維護性的目標？

截至目前為止，我們已經實作了使用案例、網頁層轉接器、儲存層轉接器等等，接下來，就要把這些元件組裝（assemble）起來，成為一份可運作的應用程式。先前在「第4章」中提過，我們是依靠**依賴注入**的機制來實例化（instantiate）這些類別的，然後在應用程式的啟動階段，將這些依賴關係串連起來。所以本章就要針對此議題再進行探討，說明如何使用純 Java 的方案，以及如何利用 Spring 或是 Spring Boot 框架的方案，來解決這件事情。

# 組裝是有什麼好談的？

一定有讀者好奇為何不這樣做：等實際用到這些元件的時候，再來實例化使用案例或轉接器不就好了？這是因為我們希望讓程式的依賴方向保持在正確的方向上。請記住：所有的依賴方向都應該朝內，也就是指向應用程式中「領域程式碼」所在的內層方向。這樣領域程式碼才不會因外層架構層的變動而遭受波及。

要是某個使用案例需要呼叫儲存層轉接器，然後只是在使用時再去實例化出轉接器來，那就會違反依賴方向原則。

而這也是為何我們要利用「輸出轉接埠介面」（outgoing port interface）的緣故。使用案例所見的只有「介面」，而實際的實作則是在執行階段才會提供。

這種程式設計方式會帶來良好的影響，提高程式的可測試性。如果一個類別在依賴關係上所需的所有物件，都是透過建構子傳入的，就可以在傳入時，由我們自行決定要傳入實際的物件，還是模擬出來的物件。這使得建立該類別的單元測試更加輕鬆。

所以建立出這些物件的職責究竟落在誰的頭上？又要如何才能在**不違反依賴方向原則的前提下**達成這件事情？

答案就是必須另外安排一個「獨立於架構之外」，但會與「所有的類別」產生依賴關係的設定元件（configuration component），來負責實例化這些類別的物件，如圖10.1 所示：

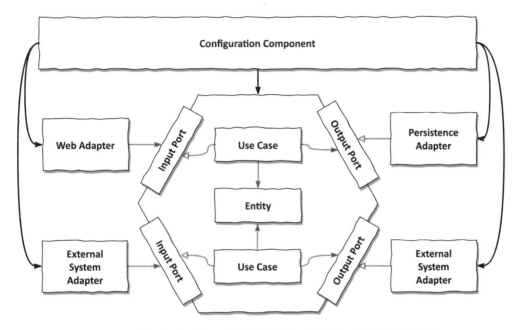

圖 10.1：這個獨立的設定元件會存取所有的類別，以便建立出物件。

根據「第 3 章」介紹的 Clean Architecture，這個設定元件會處於最外層，這樣根據依賴原則的定義才能存取到所有的內層架構層。

設定元件會負責從零件開始，從頭將我們的應用程式組裝起來。它要做的事情包括了：

- 建立「網頁層轉接器物件」

- 建立「HTTP 請求」到「網頁層轉接器」的路徑

- 建立「使用案例物件」

- 把「使用案例物件」提供給「網頁層轉接器」

- 建立「儲存層轉接器物件」

- 把「儲存層轉接器物件」提供給「使用案例」

- 建立「儲存層轉接器」到「實體資料庫」的存取路徑

此外，設定元件也需要具備能夠存取「某些設定參數的來源」的能力，例如設定檔之類的，又或是可以從命令列接收參數。在組裝應用程式時，設定元件會將這些參數傳遞給屬於應用程式一部分的元件，以便控制這些元件的行為，像是控制「要存取的資料庫對象」，又或者是決定會透過「哪一台郵件伺服器」來寄發 email 等等。

設定元件要承擔的職責可說是一籮筐（也就是先前曾提及的「會被修改的理由」）。但這樣不會違反**單一職責原則**嗎？當然違反了，但為了維護應用程式其他部分的整潔，就需要一份「處於外場的元件」來幫忙處理好這些骯髒事。這個元件需要對組裝時的這些元件無所不知，才能把應用程式組裝起來。

# 透過純程式碼組裝

要實作這樣一個組裝應用程式的設定元件，有幾種方式。如果我們在開發應用程式時，沒有採用依賴注入框架技術作為輔助，那麼就可以用純程式碼（plain code）的方式編寫出設定元件：

```java
package buckpal.configuration;

class Application {

    public static void main(String[] args) {
        AccountRepository accountRepository = new AccountRepository();
        ActivityRepository activityRepository = new ActivityRepository();
        AccountPersistenceAdapter accountPersistenceAdapter =
            new AccountPersistenceAdapter(accountRepository, activityRepository);

        SendMoneyUseCase sendMoneyUseCase =
            new SendMoneyUseService(
                accountPersistenceAdapter,  // LoadAccountPort
                accountPersistenceAdapter); // UpdateAccountStatePort

        SendMoneyController sendMoneyController =
            new SendMoneyController(sendMoneyUseCase);
```

```
        startProcessingWebRequests(sendMoneyController);
    }
}
```

以上的程式碼片段只是一份簡化過後的範例，用於展示「設定元件」可能的樣貌而已。在 Java 程式語言中，應用程式的起點是從一個 main 方法開始，所以我們要在這個方法中實例化出所有需要的類別物件（包括從「網頁層控制器」再到「儲存層轉接器」等等），並將依賴關係串連起來。

最後再呼叫一個名為 startProcessingWebRequests() 的神奇方法，把「網頁層控制器」透過「HTTP」公開出去 [36]。之後，應用程式便準備好接收網路請求。

純程式碼編寫是最基本的應用程式組裝實作方式，但卻存在幾點壞處：

- 第一點，上面的範例還只是一個網頁層控制器、一個使用案例、一個儲存層轉接器的應用程式而已。想樣一下，如果是一個已經發展成熟、開發完整的企業級應用程式（enterprise application），你會需要編寫多少程式碼，才能完整組裝起來？

- 第二點，由於是從處於套件以外的地方去實例化所有的類別物件，換言之，這些類別都必須被設定為 public 公開存取。一旦被設定為公開存取，在 Java 程式語言中，就無法事先避免「使用案例去存取儲存層轉接器」的這種行為。但如果能夠利用 package-private（套件私有）的存取設定，藉此避免這種不合原則的依賴關係，這樣才是最好的。

所幸現在已經有許多依賴注入框架，可以代為處理這些工作，並且依舊可以維持原本 package-private 的存取設定。在 Java 程式語言的世界中，目前最多人採用的方案之一是 Spring 框架，且除了處理依賴注入之外，在 Spring 中也提供了對網路存取與資料庫存取的支援，這也代表我們不用自行實作那個神秘的 startProcessingWebRequests() 方法了。

---

36 在範例中，這個方法其實只是一個代表性的存在（a placeholder），用來表示日後「這裡」要以其他可以實際把網頁層轉接器透過 HTTP 公開出去的「輔助技術」代替。換句話說，本書不打算自己實作這部分。在真實世界的應用程式中，通常會有一個框架來為我們處理這項工作。

# 透過 Spring 的類別路徑掃描功能來組裝

如果我們利用 Spring 框架來組裝應用程式，這會形成一個**應用程式情境（application context）**。這個應用程式情境中，包括了所有共同構成應用程式的物件（以 Java 程式語言的術語來說，就叫做 **bean**）。

Spring 提供了幾種方式來組裝一個應用程式情境，每一種方法都有其優缺點存在。底下就先以目前最多人使用（也是最方便）的方法開始說明：**類別路徑掃描（classpath scanning）**。

在類別路徑掃描中，Spring 會走訪所有在類別路徑中可接觸到的類別，並搜尋有加上 @Component 註釋的類別。這些類別需要比照我們在「第 7 章」中的 AccountPersistenceAdapter 那樣，提供一個建構子（這個建構子會把「所有需要的欄位」當成一個「引數」），以便框架建立出這些類別的物件來：

```
@Component
@RequiredArgsConstructor
class AccountPersistenceAdapter implements
        LoadAccountPort,
        UpdateAccountStatePort {

    private final AccountRepository accountRepository;
    private final ActivityRepository activityRepository;
    private final AccountMapper accountMapper;

    @Override
    public Account loadAccount(
            AccountId accountId,
            LocalDateTime baselineDate) {
        ...
    }

    @Override
    public void updateActivities(Account account) {
```

```
        ...
    }
}
```

透過這種方式，我們甚至可以不需要自己編寫建構子，反之，利用 Lombok 函式庫提供的 @RequireArgsConstructor 註釋，就可以幫助我們產生一個建構子（這個建構子將把「所有設為 final 的欄位」都當成「引數」）。

Spring 會 找 到 這 個 建 構 子，然 後 再 從 同 樣 設 有 @Component 註 釋 的 類 別 中，找 出 與 引 數 型 態 相 符 的 類 別，並 以 類 似 的 方 式 實 例 化 那 些 類 別，將 它 們 加 入 到 應 用 程 式 情 境 中。一 旦 所 有 需 要 的 物 件 都 就 定 位 之 後，就 能 真 正 地 呼 叫 AccountPersistenceAdapter 的 建 構 子 方 法，將 最 後 產 生 出 來 的 物 件，也 加 入 到 應 用 程 式 情 境 中。

這種類別路徑掃描在組裝應用程式時是非常便利的做法，唯一需要注意的只有設定與管理 code base 中的 @Component 註釋，還有提供正確的建構子方法而已。

此 外，我 們 還 能 建 立 自 訂 的 註 釋，提 供 給 Spring 使 用。比 方 說，建 立 一 個 像 @PersistenceAdapter 這樣的註釋：

```
@Target({ElementType.TYPE})
@Retention(RetentionPolicy.RUNTIME)
@Documented
@Component
public @interface PersistenceAdapter {

    @AliasFor(annotation = Component.class)
    String value() default "";

}
```

這個帶有 @Component 註釋的註釋定義（meta-annotation），可以讓 Spring 知道，在 進 行 類 別 路 徑 掃 描 時，同 樣 需 要 去 搜 尋 帶 有 @PersistenceAdapter 註 釋 的 類 別。在 定 義 之 後，我 們 就 可 以 開 始 使 用 @PersistenceAdapter 註 釋 取 代 原 本 的

@Component，加在儲存層轉接器的類別上，標示其為應用程式的一部分。這樣一來，就可以提高架構的可讀性。

不過，類別路徑掃描也是有缺點的。首先，這需要在類別中加上與特定框架技術相關的註釋。如果讀者是屬於那種一定要嚴格遵守整潔的架構設計原則的人，一定會覺得不該讓「程式碼」與「特定的框架技術」綁定。

但就一般的應用程式開發情形而言，只是在類別中加上一個註釋，其實沒那麼嚴重，畢竟有必要時，重構也很容易。

然而，換作其他情況，例如要開發的是一套提供給其他開發者使用的函式庫或框架的話，這就不是什麼好事了，因為我們不想讓「對 Spring 框架的依賴關係」拖累其他的開發者。

這種做法的另一個潛在缺點是可能會發生一些莫名其妙的事情。這邊說的莫名其妙當然是指不好的事情、預期之外的影響，那種「如果你不是熟悉 Spring 的專家，很可能要花上好幾天才能搞清楚發生了什麼事」的影響。

之所以會這樣，是因為對於組裝應用程式來說，類別路徑掃描可以說是非常原始的一種做法。我們就只是告訴 Spring「與應用程式相關的套件起頭」在哪，然後以 @Component 註釋指向「那些套件中的類別」而已。

問題是有人真的能對一個應用程式中的所有類別都瞭若指掌嗎？沒辦法吧？搞不好到時候會把不屬於應用程式情境的某個類別，也跟著一起包進來，說不定就會因此對應用程式情境造成了什麼不可預知的不良影響，產生難以追查的異常錯誤。

所以接下來，讓我們看看另一個提供了更多可介入空間的解決方案吧。

# 透過 Spring 的 Java Config 來組裝

在應用程式組裝中，如果說類別路徑掃描是像棍棒一樣的原始人工具，那麼 Spring 的 Java Config 就是進化成一把手術刀[37]。這種做法雖然看起來與本章先前介紹的純程式碼做法類似，但卻不那麼繁雜，並且在框架技術的輔助下，讓我們不需要真的從頭到腳都自行實作。

這種做法需要我們建立設定類別（configuration class），這些設定類別將各自負責建構出一組需要被加到應用程式情境中的 bean 物件。

舉例來說，用一個設定類別，把所有儲存層轉接器的物件都實例化出來：

```
@Configuration
@EnableJpaRepositories
class PersistenceAdapterConfiguration {

    @Bean
    AccountPersistenceAdapter accountPersistenceAdapter(
                AccountRepository accountRepository,
                ActivityRepository activityRepository,
                AccountMapper accountMapper) {
        return new AccountPersistenceAdapter(
            accountRepository,
            activityRepository,
            accountMapper);
    }

    @Bean
    AccountMapper accountMapper() {
        return new AccountMapper();
```

---

37 棍棒（cudgel）與手術刀（scalpel）的比喻：如果你不像我一樣，在角色扮演電玩遊戲中花費太多時間殺怪物，不知道什麼是棍棒的話，那麼棍棒是一種帶有加重末端的棍子，可以當成武器。它是一種非常鈍的武器，可以在無需特別瞄準的情況下造成大量傷害。

```
        }
    }
```

接著，只要在這些設定類別加上 @Configuration 的註釋，就可以讓 Spring 的類別路徑掃描找到這些類別了。雖然到頭來還是得仰賴類別路徑掃描機制，但狀況已經從「在每個 bean 類別中加上註釋」，改為「只需要管理這些設定類別就好」，大幅度地降低了會發生預期之外異常事態的機率。

至於這些 bean 物件，則是在設定類別中，從「加上了 @Bean 註釋的工廠方法」內產生出來的。以上面那份把「儲存層轉接器」加入「應用程式情境」的範例來說，這個工廠方法需要兩個儲存庫物件（repository object）以及一個對應器（a mapper），來作為傳入建構子的參數值。Spring 會自動幫我們準備好這些需要傳入工廠方法的物件。

但 Spring 又要去哪裡才能找來這些儲存庫物件呢？如果這些儲存庫物件是由另一個設定類別的工廠方法手動建立的，那麼就如同上面的範例那樣，Spring 會在產生出來後，再作為參數提供進去。不過在本範例中，我們是透過 @EnableJpaRepositories 註釋由 Spring 來提供的。當 Spring Boot 看到此註釋時，就會根據我們所定義的 Spring Data 儲存庫介面，自動地提供實作。

如果讀者熟悉 Spring Boot 的話，可能會知道 @EnableJpaRepositories 註釋也可以加到應用程式情境的類別上（而非設定類別上）。當然沒錯，但是這樣一來，即使我們只是測試、是在不需要儲存層實作的情況下啟動應用程式，每一次都還是會把「JPA 儲存庫」也跟著啟動起來。所以，只要把這類所謂的「功能註釋」（feature annotation）另外歸屬到一個設定模組（configuration module）中，就可以提高彈性，讓我們以部分的形式啟動應用程式，而非每一次都是完整的啟動。

在 PersistenceAdapterConfiguration 類別中，我們建立了一個範圍嚴謹的儲存層模組，負責把所有構成「儲存層」的物件都實例化出來。這份類別會透過 Spring 類別路徑掃描機制觸發，但對於「要把哪些 bean 加入到應用程式情境中」這件事情，我們依舊保有完整的控制權。

所以我們也可以建立「網頁層轉接器」的設定類別，或是為「應用程式層中的某些模組」建立設定類別。然後在設定類別中，把某些模組納入應用程式情境，而某些模組則採用模擬的形式，這樣一來「測試上的彈性」就提高許多。甚至還可以在不用重構的情況下，就能把不同模組的程式碼，拆分為不同的 code base、不同的套件，或是打包為不同的 Java 封裝檔（Java Archive，JAR）。

而且這種做法不會像直接使用類別路徑掃描機制那樣，讓 code base 中充斥著 @Component 註釋。如此一來，我們就可以保護應用程式層，避免出現對 Spring 框架（或任何其他框架技術）的依賴關係。

不過，這種做法同時也存在著一個問題。要是「設定類別本身」與設定類別所建立出來的「bean 物件類別」（例如本範例中的「儲存層轉接器類別」）分別歸屬在不同套件底下的話，那麼這些「bean 物件類別」就需要被設為 public 公開存取才行。所以，為了維持存取可見度（visibility）的限制，就必須以「套件結構」作為模組的邊界，並且在各個套件中都安排好各自的設定類別才行。換句話說，我們就無法使用「子套件」了，關於這個議題的後續，我們會在「第 12 章，強化架構中的邊界」當中探討。

## 如何讓軟體邁向可維護性的目標？

Spring 或 Spring Boot 這類的框架技術，提供了許多輔助功能，讓我們的工作輕鬆許多。而其中一項主要的輔助功能就是協助我們，將這些開發人員編寫好的各種零件（即類別）組裝成為應用程式。

類別路徑掃描是非常便利的機制。僅需指示 Spring 一個套件，它就會找出類別，組成一個應用程式。我們再也不用在開發時把整個應用程式納入考量，可以加速我們的開發工作。

只是隨著 code base 逐漸增長，就會出現資訊透明度方面的問題。比方說，我們將不知道究竟有「哪些 bean 物件」被納入到應用程式情境中。此外，我們也無法因應測試需求，不能輕易地僅採用「部分的應用程式」而已。

因此，在另外安插一個專門負責組裝應用程式的設定元件之後，就可以不用再讓應用程式本身承擔這項職責了。（請記住「SOLID」五原則中的「S」，也就是「單一職責原則」，務必留意「會被修改的理由」。）如此一來，就可以提高模組的內聚力，各自獨立地去啟動或替換這些模組，輕鬆地在 code base 中移動。但要能夠達到這個目標，一如既往地需要付出一點代價，花費額外的心力去維護那些設定元件。

在這一章和前一章中，我們討論了如何以「正確的方式」（the right way）執行不同選項的許多方式。然而，有時候「正確的方式」是不可行的。在下一章中，我們將探討各種偷吃步（shortcut）、我們為此付出的代價，以及何時值得採取這些偷吃步的做法。

# 11

# 理性看待偷吃步

- 偷吃步的破窗效應
- 第一步的重要性
- 在使用案例之間共用模型
- 把領域實體當成輸出或輸入模型
- 省略輸入轉接埠
- 省略服務
- 如何讓軟體邁向可維護性的目標？

在「作者序」中，筆者曾經抱怨我們總是會被迫採取偷吃步（shortcut）的做法，然後欠下了一堆永遠償還不完的技術債（technical debt）。

為了防止這種情況，首先就需要認識這些偷吃步的做法。所以在本章中，我們要來提高讀者們對這些潛在偷吃步的警覺性，並探討這些做法究竟會產生什麼樣的影響。

在具備這些認知之後，我們才能夠找出並修正那些非刻意採用的偷吃步問題。或是反過來，在合適的條件下，我們也能夠刻意採用偷吃步的做法，善用這些方式帶來的影響 [38]。

# 偷吃步的破窗效應

知名心理學家菲利普 · 金巴多（Philip Zimbardo）在 1969 年時，為了驗證其理論而進行了一項實驗，後來該理論以**破窗效應（Broken Windows Theory）**聞名 [39]。

這項實驗是這樣的：他的團隊先讓一輛沒掛車牌的汽車，停放在美國紐約市布朗克斯區（Bronx）的一個社區中，然後另外一輛同樣沒掛車牌的汽車，則是停放在美國加州帕羅奧圖市（Palo Alto）一個據信「較好」的社區中。接著耐心等待。

停在布朗克斯區的汽車，在 24 小時內，車上較有價值的物品已經被洗劫一空。隨後則是被路過的人隨機破壞。

至於停在帕羅奧圖的汽車，則是整整一個星期都安然無事。於是這時金巴多的團隊做了一件事情：他們主動砸破這輛汽車的一面窗戶。自此之後，就像布朗克斯區的那輛汽車，這輛汽車也開始面臨類似的遭遇。隨後，同樣在差不多的時間內，這輛汽車也被路過的人破壞了。

---

38 或許會有讀者認為，上面這種說法如果出現在一本關於建築工程（甚至是關於航太電子設備）的專書中，會是一件很可怕的事情！但畢竟大多數的我們都不會接觸到嚴謹程度相當於飛機或是高樓建築的軟體開發專案，而且，比起這類硬體來說，軟體相對柔軟、更具備彈性，修改起來也比硬體容易。所以有時候是可以為了更符合實際需求，先「刻意地」採取偷吃步的做法，等日後再修正，或者，搞不好就這樣使用下去也沒問題。

39 詳見 https://www.theatlantic.com/magazine/archive/1982/03/broken-windows/304465/。

那些洗劫與破壞汽車的人來自社會的各種階層，其中也有原本看似善良守法的好公民。

人類的這種行為後來被稱為「破窗效應」。以筆者自己的說法來解釋就是：

> 只要某項事物看起來破舊不堪、受到損壞（或各種讀者想得到的負面形容），或是看起來沒有人要維護和看管的話，那麼人類的大腦這時就會覺得，再讓這項事物更破舊、更受損（或任何負面形容）也無所謂了。

這項理論可以套用到我們生活周遭的各個角落：

- 在那些經常出現破壞行為的社區內，人們更容易對一輛看起來無人看管的汽車下手洗劫或破壞。

- 即使是在被認為「良好」的社區內，一旦車上出現了一處被打破的車窗，同樣會容易引來破壞的行為。

- 如果房間髒亂的話，更容易讓人把衣服隨便丟在地上，而不是好好地收進衣櫥中。

- 在一個經常被學生打斷或干擾的課堂環境中，學生們更容易開始對同學惡作劇。

而如果把同樣的理論套用到程式開發的情境中：

- 如果 code base 的品質原本就很差，那麼就更容易引來品質低落的程式碼。

- 如果 code base 中原本就充斥著許多合併上的衝突，那麼就更容易引來更多的合併衝突問題。

- 如果 code base 中原本就用了一堆偷吃步做法，那麼後續就更容易引來更多的偷吃步做法。

看完以上這些敘述後，我想讀者就不難理解，為何那些既有的 code base 會隨著時間「風蝕」，而有著那麼多「歷史包袱」（legacy）了。

# 第一步的重要性

雖然開發程式與洗劫汽車的心態不同，但同樣都會在無意識中受到「破窗效應」心理學的影響。所以我們應該盡可能地在專案的起步階段，就減少會出現的偷吃步做法以及技術債。因為一旦開始偷吃步，就會像那片破掉的車窗一樣，吸引你加入更多的偷吃步。

軟體開發專案往往是一項耗時、費工的作業，此時，身為軟體工程師，要是在我們的手上讓窗戶破掉，這筆帳就要算在我們頭上。或許我們不會一路待到軟體專案開發完成，可能中途就必須交棒給其他人，而對於接棒的人來說，這就是一份原本與他們無關的既有 code base，如此一來，也就更容易讓窗戶破掉了。

然而，有時候我們會出於一些務實的原因，而刻意採用偷吃步的做法。比方說，這份程式碼在專案中的重要性其實並不高，或是現在開發的只是一個原型，又或者是因為其他節降成本的考量。

每當有這種刻意為之的做法出現時，就應該謹慎地記錄下來。這部分讀者或許可以參考 Michael Nygard 在他的部落格中所提出的**架構決策紀錄（Architecture Decision Records，ADR）**方法論 [40]。這是為了將來的自己，也是為了將來接棒的人們，所以我們有責任這樣做。如果團隊所有成員都能有意識地維護這份文件，那麼團隊成員就會知道，必須是在有適當理由且刻意為之的前提下，才能採取偷吃步的做法。如此一來，便能減少破窗效應的發生。

在接下來的各個小節中，我們將逐一回顧探討，那些之前在介紹六角形架構設計時，曾經被認為是偷吃步的設計模式。我們將看看，這些偷吃步會產生什麼樣的影響，並討論各種支持與反對這些做法的論點。

---

40 https://cognitect.com/blog/2011/11/15/documenting-architecture-decisions

# 在使用案例之間共用模型

先前在「第 5 章」中，筆者曾經提出一種看法：我認為不同的使用案例，應該要有各自不同的**輸入與輸出模型**。換句話說，不同使用案例之間會有著不同資料型態的輸入參數以及回傳值。

而如果使用案例之間共用了同樣的輸入模型，則會如圖 11.1 這個範例所示：

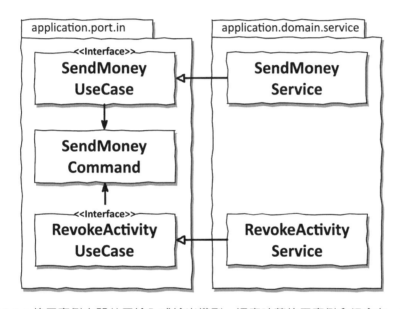

圖 11.1：使用案例之間共用輸入或輸出模型，這意味著使用案例會耦合在一起。

至於共用模型會產生的影響，以上圖範例而言，就是使得 SendMoneyUseCase 與 RevokeActivityUseCase 這兩個使用案例耦合在一起。當修改到被共用的 SendMoneyCommand 類別時，就會同時波及兩個使用案例。從「單一職責原則」的角度來看，就是這兩個使用案例，有著共同的「會被修改的理由」（所以應該被稱為「單一修改理由原則」，正如「第 3 章」第 24 頁所討論的那樣）。當然，如果輸出模型也共用的話，也會是一樣的情形。

但如果使用案例之間確實有著共同的需求，也就是從功能面上就存在關聯的話，那麼共用輸入與輸出模型，其實並非那麼十惡不赦。如果是這種情況，我們反而會希望可以只要修改一處，便能同時適用到不同的使用案例上。

反過來講，要是使用案例本身並無相關性，且應該獨自發展的話，那這種做法明顯就屬於偷吃步了。在這種情況下，應該打從一開始就確實地分離使用案例，即使這會讓 code base 中多出一堆看似重複的輸入與輸出模型類別，也應該這樣做。

所以，當我們在開發使用案例時，如果這些使用案例背後的概念近似，就要定期回頭檢討是否應該徹底地分離這些使用案例了。一旦得到肯定的答案，就該讓使用案例擁有各自的輸出入模型。

## 把領域實體當成輸出或輸入模型

有時候，我們會想要把「領域實體」（例如 Account）直接當成輸入轉接埠（例如 SendMoneyUseCase）的輸入或輸出模型，就如圖 11.2 所示：

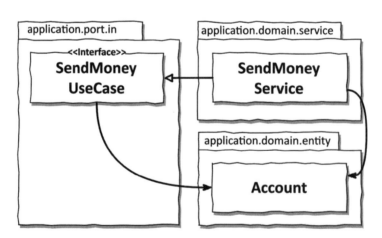

圖 11.2：使用「領域實體」作為使用案例的輸出入模型，就會讓兩者耦合在一起。

於是「輸入轉接埠」會依賴於「領域實體」。這樣做的後果就是讓 Account 實體額外多了其他會被修改的理由。

但等等，Account 實體又沒有依賴於 SendMoneyUseCase（也就是依賴方向不同的意思），那麼「輸入轉接埠」又怎麼會變成「領域實體」額外被修改的理由呢？

這樣說吧，假設今天使用案例中有一項需求，是需要帳戶的某些資訊，但 Account 領域實體目前還沒有提供這些資訊。雖然這些資訊可能最終並不需要被儲存在 Account 實體中，而是被另一個領域或 Bounded Context 所需要。可是，一旦我們看到使用案例的介面中有 Account 實體，就很容易被誤導，想要把這些欄位加到 Account 實體中。

要是使用案例只是屬於單純的「新增」或「修改」作業那也就罷了，把領域實體用在使用案例介面上無傷大雅。因為此時資訊會先透過實體持有，再將實體「新的狀態」保存到資料庫中。

然而，如果使用案例並非只是「更新」資料庫中幾個欄位的這種單純需求，而是牽涉到更複雜的領域邏輯，甚至到了需要透過「一個充血領域實體」去執行「部分的領域邏輯」的話，那麼就應該在使用案例介面上，採用「專用的輸出入模型」才對。因為我們不希望讓使用案例去影響到領域實體。

這種偷吃步做法之所以危險，在於很多使用案例剛開始可能只是單純的「新增」或「更新」需求而已，但隨著時間過去，卻會逐漸發展為擁有複雜領域邏輯的巨獸。在採用敏捷開發的情況下尤其如此，因為我們往往是從「最小可行性產品」（minimal viable product，MVP）開始發展，然後才逐步提高複雜度的。所以要是從一開始就把「領域實體」當成「輸入模型」使用，我們終究必須找到一個替換的時間點，用與領域實體無關的「專用的輸入模型」來取代「領域實體」。

## 省略輸入轉接埠

對於讓依賴方向朝內這件事情來說，需要「輸出轉接埠」的存在，才能讓「應用程式層」與「輸出轉接器」之間的依賴關係翻轉過來。但是相對的，「輸入轉接埠」在這件事情上的意義就沒那麼大了。所以或許可以考慮不透過「輸入轉接埠」，讓「輸入轉接器」直接存取應用程式服務，就如圖 11.3 所示：

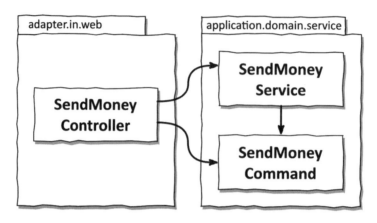

圖 11.3：但少了「輸入轉接埠」，就無法明確標示出通往領域邏輯的存取進入點了。

在移除輸入轉接埠後，「輸入轉接器」與「應用程式層」之間就不再有一層抽象介面（layer of abstraction）了，這往往會給人一種良好的錯覺。

然而，輸入轉接埠其實還有明確定義通往「應用程式核心」的進入點的功用，要是移除了轉接埠，就必須對應用程式的內部有一定程度的了解，才有可能在實作使用案例時知道要取用哪一個服務的哪一個方法。只要利用輸入轉接埠，就可以清楚地辨識「應用程式核心」的進入點，開發人員也不會在 code base 中迷失方向。

輸入轉接埠的另一個存在意義，是方便我們穩固與強化架構。後續在「第 12 章，強化架構中的邊界」中會說明，輸入轉接埠可以限制輸入轉接器，使其不能直接呼叫應用程式服務。任何通往應用程式層的呼叫都明明白白，不會出現那種預期之外的方法呼叫，這樣架構中的邊界就可以獲得強化。

但如果應用程式整體的規模夠小，甚至只有一個輸入轉接器的話，此時要全盤掌握控制流程就不是什麼難事，那麼或許就能考慮移除輸入轉接埠了。只是這樣的小型規模能維持到什麼時候呢？在整個應用程式的生命週期中，又有誰能確保真的只會有一個輸入轉接器？很難講。

# 省略服務

對於某些使用案例而言，我們會想省略的不是輸入轉接埠，反而是整個服務層（service layer），如圖 11.4 所示：

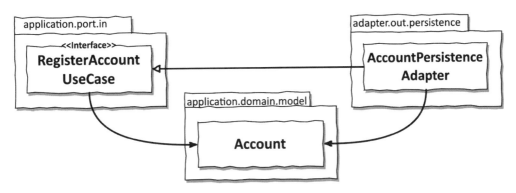

圖 11.4：要是省略「服務」，我們的 code base 中就再也找不到象徵使用案例的存在了。

上圖顯示，身為輸出轉接器的 AccountPersistenceAdapter 同時也實作了輸入轉接埠，取代了原本應該要實作輸入轉接埠的「服務」角色。

對於純屬 CRUD 類型的使用案例來說，服務所做的事情往往沒有領域邏輯的額外成份在其中，只是單純地把「增刪修改的請求」轉交給儲存層轉接器。也因此很容易導出一個結論：與其多此一舉，不如直接讓儲存層轉接器去實作使用案例就好。

要做到這一點，也就同時代表著輸入轉接器與輸出轉接器之間，需要共用模型。例如在本範例中，兩者共用著 Account 領域實體，且如同先前討論過的偷吃步那樣，把「領域實體」當成「輸入模型」來使用。

但如此一來，應用程式核心中就再也找不到象徵使用案例的存在了。如果原本單純的 CRUD 使用案例隨著時間越趨複雜，此時新增的領域邏輯，會被直接加到實作了使用案例的輸出轉接器中。這樣的後果就是讓領域邏輯散落各處，要維護時便難以尋找。

為了避免出現大量樣板式的、重複的、只是做轉交動作的服務程式碼，我們還是可以在單純 CRUD 類型的使用案例中，考慮省略服務。不過，開發團隊同時也應該訂定明確的指引，才能避免使用案例在可預期會發展為「不僅僅是增刪修改作業」的情況下，不會省略服務。

# 如何讓軟體邁向可維護性的目標？

偷吃步的做法有時從務實的角度來看，並非十惡不赦。所以在本章中，我們理性地將「正反論述」並陳，說明這些偷吃步的做法會有哪些影響，讓讀者自行決定是否要採用。

而一路看下來，我們也會發現，對於單純的 CRUD 使用案例來說，如果要實作完整的架構設計模式似乎有點殺雞焉用牛刀的感受，也讓我們更傾向於採用偷吃步的做法，甚至不會覺得有什麼不好。然而，所有的應用程式其實都是從這種小型規模發展起來的，因此，當使用案例發展為超出「只是 CRUD」的範疇時，開發團隊就必須特別留意。只有確切地留意到這個時間點，並且取消偷吃步的做法，重回架構設計模式的懷抱，從長遠來看才能維持易於維護的結構。

不過，可能有些使用案例永遠就是那種 CRUD 的類型，在這種情況下，維持偷吃步的做法或許才更為實際，因為這能降低維護的成本。

無論如何，所有被採用的架構設計模式，以及我們當初為何決定採用偷吃步的做法，都應該詳實記錄下來。這樣將來的某一天，我們（或是從我們手上接棒的人們），才有足夠的資訊回頭重新評估這一切。

即便偷吃步有時候是可以接受的，我們仍希望有意識地、理性地看待偷吃步的做法。這意味著我們應該定義一種「正確」（right）的做事方式，並強制執行（強化）這種方式，以便我們可以在有充分理由的情況下才決定偏離這種方式。在下一章中，我們將探討一些強化架構的方法。

# 12

# 強化架構中的邊界

- 邊界與依賴關係

- 存取修飾子

- 編譯後檢查

- 建置成品

- 如何讓軟體邁向可維護性的目標？

在前面的章節中，我們已經討論過許多與架構有關的議題。在決定好要採用的架構之後，只要順著架構設計去開發各類程式碼，並且安排歸屬，這種感覺是很流暢的。

然而，撇除那些規模極小的軟體專案不說，幾乎毫無例外地，架構內容都會隨著時間膨脹增長。架構層之間的邊界會越來越模糊不清，導致測試越來越困難，於是每次開發新功能所需要的時間就會越來越長。

所以在本章中，我們要來探討如何抵抗這種隨著時間出現的架構風蝕（architecture erosion）問題，看看有什麼方法，可以強化架構中的邊界。

# 邊界與依賴關係

不過，在說明有哪些方法可以強化架構中的邊界之前，我們先來討論一下：架構中的「邊界」（boundary）究竟在哪裡？以及**強化邊界（enforcing a boundary）**到底代表什麼意思？

圖 12.1 說明「六角形架構」中的元素是如何被分散到四個不同的架構層上的，這四個架構層類似我們在「第 3 章」中介紹的一般的「整潔的架構」：

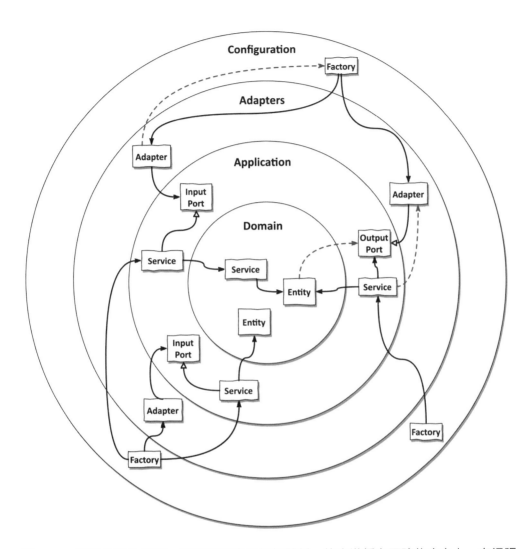

圖 12.1：所謂的強化邊界，指的就是強化依賴關係，使之遵循在正確的方向上。在這張
　　　　圖中，虛線的依賴關係，就是架構設計原則中不被允許的方向。

最內層的核心當然就是領域實體和領域服務。接著是圍繞它的應用程式層，應用程式
層為了要在（通常是）應用程式服務中實作使用案例，因此需要處於能夠存取到這些
實體和服務的地方。再往外則是轉接器，透過「輸入轉接埠」來存取這些服務，或是
被這些服務透過「輸出轉接埠」進行存取。最後，位於最外層的就是應用程式設定層，

它負責以工廠設計模式建立出內層的這些轉接器和服務物件，然後以依賴注入機制組裝起來。

透過這張圖，我們可以清楚地分辨出架構中的邊界。每一個架構層，不論是往內還是往外，與相鄰的架構層之間都會有一條邊界。而根據依賴方向原則，凡是會跨越這條邊界的依賴關係，都必須是指向「內部」的方向的。

本章所要探討的，就是如何強化這個依賴方向原則的存在感，確保不會出現違反了原則的、指向錯誤方向的依賴關係（也就是圖中那些以虛線表示的依賴關係）。

# 存取修飾子

為了強化邊界，首先，讓我們從物件導向程式語言（特別是 Java）的一項超級基礎工具開始討論：那就是**存取修飾子（visibility modifier）**。

在筆者多年的職涯中，「存取修飾子」這一題幾乎是每次擔任面試官時，個人一定會提出的問題。我會問對方：『Java 程式語言中提供了哪幾種存取修飾子？』，以及『這些修飾子設定，在存取與可見度上，有什麼差異？』

大多數的面試者都只講得出 public（公開）、protected（受保護）及 private（私有）這三種修飾子而已。很少有人會說出 **package-private** 這個修飾子（套件私有修飾子，也就是預設的無修飾子，有些人會稱之為 package 或 default）。對筆者而言，每次這種面試都是一個大好機會，可以用這種很少人知道卻又很重要的「存取修飾子」問題，分辨面試者是否能從自身過往的經驗中，試著找出答案來。

那麼，為何這個 package-private 修飾子（無修飾子）如此重要呢？這是因為在這個修飾子的幫助下，我們得以利用 Java 程式語言中「套件」這個概念，把「類別」組成高內聚力的「模組」群組。在同一個模組中的類別擁有互相的存取權，但位於套件之外的（非此模組內的）類別卻無法存取到內部。然後，模組內可以安排少數幾個特定的類別，將其設定為 public 公開存取，擔當該模組的門面、作為存取進入點。如此一來，就能降低「因為引入了一個指向錯誤方向的依賴關係，而意外地違反了依賴方向原則」的風險。

底下我們以「第 4 章」中的套件結構為例，然後在結構圖上，加入這些存取修飾子：

```
 1 buckpal
 2 ├── adapter
 3 │   ├── in
 4 │   │   └── web
 5 │   │       └── o SendMoneyController
 6 │   └── out
 7 │       └── persistence
 8 │           ├── o AccountPersistenceAdapter
 9 │           └── o SpringDataAccountRepository
10 ├── application
11 │   ├── domain
12 │   │   ├── model
13 │   │   │   ├── + Account
14 │   │   │   └── + Activity
15 │   │   └── service
16 │   │       └── o SendMoneyService
17 │   └── port
18 │       ├── in
19 │       │   └── + SendMoneyUseCase
20 │       └── out
21 │           └── + UpdateAccountStatePort
22 └── common
```

我們可以將 persistence 套件中的類別都設定為 package-private（即上圖樹狀結構中的「o」符號部分），因為它們不需要來自外部的直接存取，而是一律透過儲存層轉接器去實作輸出轉接埠的介面。所以出於同樣理由，**SendMoneyService** 類別也可以被設定為 package-private。不用擔心依賴注入機制是否能夠正常運作，一般來說，這類機制是運用反映（reflection）技術去建立類別物件的，因此就算設定為 package-private 也不會有影響。

但如果讀者使用的是在「第 10 章」中的 Spring 框架，那麼在該章節所提及的組裝方式中，只有「類別路徑掃描」才適用這種做法。因為其他幾種方式都需要由我們自行建立出物件的實例，而要從另一個套件建立類別物件，就需要這個類別的存取被設定為 **public** 公開才行。

至於本範例中的其餘類別，根據架構的定義：「領域核心」所在的套件，需要能夠被「其他架構層」存取，而「應用程式層」也需要能夠被「網頁層」與「儲存層」存取，因此，這些都需要維持在 public 的公開存取下（即上圖樹狀結構中的「+」符號部分）。

對於那種類別數量「一隻手就數得出來」的小規模模組來說，這種 package-private 修飾子非常好用。然而，一旦類別數量增長到一定程度後，就會開始造成困擾，讓你不想要在同一個套件底下塞這麼多個類別。在這種情況下，筆者自己會用「子套件」（sub-package）的方式，讓類別更容易被找到（不過，也有一部分的原因其實是出於滿足自身的美學要求）。而這種時候，就無法再繼續運用 package-private 修飾子了，因為 Java 程式語言將「子套件」視為不同的套件，導致存取不到「子套件」內部。反過來說，就會演變成「子套件」下的類別必須是 public 公開存取的，這讓類別直接對外暴露，留下了違反依賴方向原則的可能性。

# 編譯後適應函數

一旦我們將類別設定為 public 公開存取，即使違反了架構設計上的依賴方向原則，編譯器也會允許所有其他類別來存取這個類別。

既然編譯器在這個問題上幫不了忙，我們也只能求助於其他方式，來幫忙檢查是否有出現違反的情形。

其中一種方式就是利用**適應函數（fitness function）**。所謂的適應函數，就是以我們的架構作為輸入，並評估它在特定方面的適應度（fitness）。在我們的例子中，適應度的定義是指**沒有違反依賴方向原則**。

理想情況下，編譯器應該在編譯期間為我們執行適應函數，但如果缺乏這種功能，我們可以在程式碼已經編譯好的情況下，在執行階段執行這個函數。而這邊所說的執行階段，最適合的就是那種在持續整合（Continuous Integration，CI）流水線中的自動測試階段。

**ArchUnit** 就是這樣的一個工具，它在 Java 程式語言的環境中提供這類適應函數[41]。先撇開其他的功能不說，ArchUnit 提供了一套 API，讓我們可以確認依賴關係是否遵循正確的方向，而一旦發現了違反原則的情況，就會拋出一個例外。最適合執行這類測試的時機點，是在採用「例如 JUnit 之類的單元測試框架」的測試項目中，這樣一旦出現了違反依賴方向原則的事件，就會立即讓「測試」失敗。

先假設套件結構如先前的範例那樣，每一個架構層都有各自的套件，這樣只要利用 ArchUnit 就可以幫我們做到架構層之間「依賴方向」的檢查了。舉例來說，我們可以檢查是否有從「領域模型」指向外部的依賴關係：

```
class DependencyRuleTests {

    @Test
    void domainModelDoesNotDependOnOutside() {
        noClasses()
            .that()
            .resideInAPackage("buckpal.application.domain.model..")
            .should()
            .dependOnClassesThat()
            .resideOutsideOfPackages(
                    "buckpal.application.domain.model..",
                    "lombok..",
                    "java..")
            .check(new ClassFileImporter()
                .importPackages("buckpal.."));
    }
}
```

這段程式碼驗證了圖 12.2 中以視覺化呈現的依賴方向原則。

---

41 https://github.com/TNG/ArchUnit

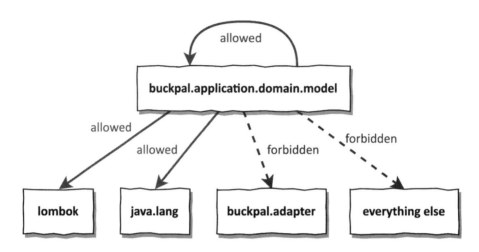

圖 12.2：我們的領域模型可以存取自身和一些函式庫套件，但不得存取任何其他套件中的程式碼，例如「包含我們的轉接器的那些套件」。（這張圖參考了 https://www.archunit.org/use-cases 的圖示。）

前述規則（rule）的問題在於，如果我們在領域模型中使用了某些函式庫的程式碼，我們必須為引入的每個依賴關係新增一個例外（就像筆者在範例中使用 lombok 和 java 所做的那樣）。在「第 14 章，以元件為基礎的軟體架構方法」中，我們將看到一個不具有這個問題的規則。

只要再多花一點功夫，甚至可以利用 ArchUnit 的 API 為基礎，建立一套 **DSL**（**Domain-Specific Language，特定領域語言，或領域專用語言**），方便我們指定六角形架構內所有相關的套件，自動檢查這些套件之間的依賴方向是否正確：

```
class DependencyRuleTests {

    @Test
    void validateHexagonalArchitecture() {
        HexagonalArchitecture.basePackage("buckpal")
            .withApplicationLayer("application")
                .domainModel("domain.model")
                .services("domain.service")
                .incomingPorts("port.in")
```

```
            .outgoingPorts("port.out")
            .and()
        .withAdaptersLayer("adapter")
            .incoming("in.web")
            .outgoing("out.persistence")
            .and()
        .withConfiguration("configuration")
        .check(new ClassFileImporter()
            .importPackages("buckpal.."));
    }
}
```

在上面的範例中，首先，我們把應用程式的上層套件（parent package）指定進去。
接著，依序把領域核心、轉接器、應用程式、應用程式設定等架構層的「子套件」也
指定進去。最後，呼叫 check() 方法就會開始執行一連串的檢查，確認套件之間的依
賴關係是否有確實遵照原則。讀者可以在 GitHub 上找到這個六角形架構 DSL 的程式
碼 [42]。

雖然在對抗「違反原則的依賴關係」這方面，「編譯後檢查」可以帶來很大的幫助，
但它卻不是完美無缺的。舉例來說，萬一我們在上面設定檢查的 buckpal 範例中，不
小心把套件名稱打錯字了，執行測試時就會找不到類別，也就不會拋出違反依賴方向
原則的例外了。所以，一個簡單的打錯字，或者是在重構時重新命名了某個套件名稱，
就可能會毀了整個測試。我們應該努力使這些測試能夠不受重構影響（refactoring-
safe），或者至少在重構導致測試失效時讓它們失敗。在前面的範例中，例如當其中
一個提到的套件不存在時（因為它已被重新命名），我們就可以讓測試失敗。

---

42 https://github.com/thombergs/buckpal/blob/master/src/test/java/io/reflectoring/buckpal/archunit/
HexagonalArchitecture.java

# 建置成品

目前為止，唯一用來強化架構邊界的工具只是 code base 中的套件而已。但我們所有的程式碼，在建置後都還是歸屬在同一份「建置成品」當中。

這種所謂的「建置成品」（build artifact，又稱製品、組建產出物），指的是建置流程（最好是自動的流水線）最後的產出結果。在 Java 程式語言環境中，目前最廣泛使用的建置工具是 Maven 與 Gradle 這兩種。所以我們不妨假設手頭上有一份 Maven 或 Gradle 的建置腳本（build script），然後我們呼叫 Maven 或 Gradle 的功能，接著這些工具就會替我們執行編譯、測試，然後把應用程式的程式碼編譯結果打包成為一個 JAR 檔案。

而這類建置工具的其中一項主要功能就是「依賴關係解析」（dependency resolution）。因為如果你要把某個 code base 轉換成一個建置成品，建置工具就需要先確認 code base 中的依賴關係是否都有被滿足。若有依賴關係上的缺漏，還會試著先在成品庫（artifact repository）中尋找。倘若都找不到，建置工作就連編譯都不用做了，直接宣告失敗。

所以我們可利用這項機制來強化架構中「模組與模組」、「架構層與架構層」之間的依賴方向原則（也就是強化架構邊界的意思）。針對每一個模組或架構層，都要建立一個獨立的建置模組（build module），其中有一份獨立的 code base，以及獨立的建置成品（例如 JAR 檔案）。而在每一個模組的建置腳本內，只能根據我們在架構設計上的原則去設定依賴關係。這樣開發工程師就不會意外地讓依賴關係違反原則，因為在類別路徑中根本找不到那些類別，只會出現編譯錯誤（compile error）而已：

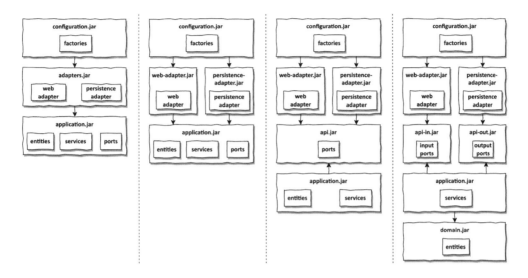

圖 12.3：這張圖中顯示的，是把架構切分為多個「模組」及「建置成品」的各種方式，以避免違反「依賴方向原則」。

圖 12.3 僅以數種（但還不是全部）方式，來示範如何將架構切分為不同的建置成品。

比方說**圖 12.3 最左邊的那一欄**，它是一種最基本的三段式模組切分法，把整體分為三個不同的建置成品，包括「應用程式設定模組」、「轉接器模組」與「應用程式模組」。「應用程式設定模組」可以存取「轉接器模組」，「轉接器模組」則可以存取「應用程式模組」。當然，根據依賴關係的遞移律，這其實就相當於「應用程式設定模組」可以存取「應用程式模組」的意思。「轉接器模組」內同時包括了「網頁層轉接器」以及「儲存層轉接器」；換句話說，這種模組的切分方式並無法禁止這兩種轉接器之間產生依賴關係。退一步來說，雖然這兩種轉接器元件都是歸屬在同一個外層架構層之下，老實說，也沒有被限制為「不能產生依賴關係」，但在多數情況下，最好還是能將這兩種轉接器明確分隔開來比較妥當。畢竟，在單一職責原則之下，我們並不希望看到「儲存層」的概念被洩露到「網頁層」中，或是「網頁層」的概念被洩露到「儲存層」內。同樣的道理也適用於其他類型的轉接器，例如那種讓應用程式可以連線到「某個第三方 API 介面」的轉接器。總而言之，倘若因為轉接器之間的依賴關係，而

導致 API 介面或其他概念的細節被洩露給其他轉接器知道，像這種事情是我們不希望看到的。

因此，就如**圖 12.3 左邊數來第二欄**所示，我們進一步將原本「單一的轉接器模組」切分成為「多個不同的建置模組」，也就是一個轉接器一個建置模組。

接下來還可以思考，是否要把「應用程式模組」也進一步切分。原本的應用程式模組包含了輸入及輸出的轉接埠，以及實作或使用到這些轉接埠的服務，還有就是內含大部分領域邏輯的領域實體。

要是我們決定不要採用「第 9 章」中所提到的不對應策略，不要把領域實體當成這些轉接埠的傳輸物件（transfer object）的話，在這裡，我們可以再次應用「依賴反轉原則」，把「轉接埠介面」單獨抽取出來成為一個模組。結果就如**圖 12.3 左邊數來第三欄**所示。對於其他的「轉接器模組」與「應用程式模組」來說，都可以存取這份「API 模組」，但是「API 模組」卻不能反過來存取那些模組。這代表「API 模組」無法存取到領域實體，換言之，也就不能將領域實體用於轉接埠介面中。同時，轉接器也沒辦法與「領域實體」或「應用程式服務」建立直接的依賴關係，任何存取都必須透過「轉接埠」進行。

還想要更進一步的話，可以把「API 模組」拆分為二，一個是僅包含「輸入轉接埠」的模組，另一個則是僅含有「輸出轉接埠」的模組。如**圖 12.3 左邊數來第四欄**所示。如此一來，光是從依賴關係上是依賴於「輸入轉接埠」模組還是依賴於「輸出轉接埠」模組，就可以迅速地判斷出一個轉接器是屬於「輸入」還是「輸出」類型的轉接器了。

「應用程式模組」也可以再進一步拆分。你可以把「服務」歸屬在一個模組，而「領域模型」則歸屬在另外一個模組中。這樣就能夠確保「領域模型」不會反過來存取「服務」，而假設今天有其他不同的使用案例、不同服務的應用程式，也需要同樣的領域模型的話，只要簡單地對這份領域實體模組的「建置成品」宣告依賴關係，就能輕鬆地存取使用了。

總結一下：圖 12.3 告訴我們，要將一份應用程式拆分為不同的建置模組其實是有很多種方式的，不僅僅是這張圖上顯示的四種做法而已。重點在於，模組被切分得越細

密，我們對依賴關係的掌握力就越強。但反過來說，模組被切分得越細密，在這些模組之間，我們需要做的對應也就越多，更需要利用先前「第 9 章」中的各種對應策略了。

除了前面所說的之外，作為劃分邊界的方式，比起單純地使用「套件結構」作為架構邊界，這種使用「建置模組」作為架構邊界的做法還是有很多好處的：

1. **首先**，所有的建置工具都排斥「循環依賴」（circular dependency）的存在。「循環依賴」之所以會是一件壞事，是因為一旦更動到循環（circle）內的其中一個模組，就代表循環中的所有其他模組都會被波及，明顯違反了「單一職責原則」。而建置工具不允許「循環依賴」，則是因為在解析依賴關係時，會導致無窮迴圈（endless loop）的出現。所以利用「建置模組」作為架構邊界，就可以確保不會在這些模組之間出現「循環依賴」。

   不過，如果只是單純地使用「套件結構」作為邊界，以 Java 編譯器來說，根本不會在意這些套件之間是否存在「循環依賴」。

2. **其次**，這種以模組作為切分的方式，可以讓我們單獨修改某個模組的程式碼，而無需考慮其他模組。想像一下，假設我們今天想要針對「應用程式層」做重大重構，而在重構的過程中，免不了會暫時性地讓「某個轉接器」出現編譯錯誤。要是「轉接器」與「應用程式層」處於同一個建置模組之下，那麼在要執行「應用程式層」的測試時，就算測試項目並不需要「轉接器」通過編譯，但大多數的 IDE 編輯器這時候都會要求你，必須先排除「轉接器」中所有的編譯錯誤，才能繼續執行下去。然而，如果「應用程式層」是自己獨立為一個建置模組的話，那麼在測試「應用程式層」時，IDE 編輯器就不會在意「轉接器」那邊有什麼問題，可以單獨執行測試。這一點對於 Maven 與 Gradle 來說也是一樣的：在建置過程中，如果兩個架構層是處於同一個建置模組之下，只要其中一者出現編譯錯誤，就會導致建置失敗。

   因此，多個建置模組的好處之一，就是允許我們單獨修改某一個模組，甚至是讓這些模組在各自的 code base 中進行管理，讓不同的開發團隊去維護不同的模組。

3. **最後**，現在，既然模組之間的依賴關係都被明確定義在建置腳本中，那麼要不要增加一條依賴關係，就成了非黑即白的事情，再也不能用「意外」當作藉口。當有任何開發人員想要存取「現在尚未被允許存取的類別」時，都需要進到建置腳本去增加修改，而希望這一層關卡，會讓這些軟體工程師停下腳步思考一下，這條依賴關係是否真有必要。

只是好處的背後也意味著提高了建置腳本的維護成本，因此，將架構拆分為多個不同模組的動作，最好是在確認軟體架構「已經發展到一定的穩定程度」之後再進行。

此外，建置模組往往不易隨著時間而改變。一旦選定，我們會傾向堅持使用最初定義的模組。如果模組的劃分一開始就不正確，我們不太可能以後才進行修正，因為重構會增加工作量。當所有的程式碼都位於單一建置模組內時，重構是比較容易的。

# 如何讓軟體邁向可維護性的目標？

基本上，軟體架構設計就是關於如何管理架構元素之間的依賴關係。如果依賴關係到最後亂成一團，那麼架構也會跟著變成一團大泥球（a big ball of mud）。

因此，為了能夠確保架構歷久不衰，就需要確保依賴關係保持在正確的方向上。

在編寫新的程式碼，或是重構既有的程式碼時，我們應該要時時留意套件結構，並盡量採用 package-private 的可見度存取設定，以此保護「類別」不會被「來自套件外的依賴關係」存取。

然而，如果我們想在單一模組的情況下去強化架構中的邊界，這是會踢到鐵板的。因為前述所設定的 package-private 修飾子，將使得套件結構無法做到這一點。這種時候就要利用一些例如 ArchUnit 之類的編譯後工具。

只要你認為現在的軟體架構「已經發展到一定的穩定程度」了，那麼就可以試著將這些架構元素抽取出來，歸屬到各自的建置模組內，這樣就能更加明確地掌控依賴關係。

這些方法並不是只能擇一使用，而是可以結合在一起相輔相成，強化架構中的邊界，進而讓 code base 的維護工作更經得起時間的考驗。

在下一章中，我們將繼續探討架構邊界，但從不同的角度來看待：我們將思考如何在同一個應用程式中管理多個領域（或 Bounded Context），同時保持它們之間的邊界清晰可辨。

# 13

## 管理多個
## Bounded Context

- 為每個 Bounded Context 建立一個六角形?

- 解耦合的 Bounded Context

- 適當耦合的 Bounded Context

- 如何讓軟體邁向可維護性的目標?

許多應用程式包括不只一個領域，或者，用 DDD（Domain-Driven Design，領域驅動設計）的語言來說，許多應用程式包括不只一種 Bounded Context。**Bounded Context（有界情境，又譯限界上下文）**這個術語告訴我們，不同的領域之間應該設定邊界。如果我們在不同的領域之間沒有設定邊界，那麼這些領域中的類別之間就沒有依賴關係的限制。最終，這些領域之間的依賴關係會逐漸增加，將它們耦合在一起。這種耦合（coupling）意味著各個領域無法再獨立發展，只能共同演進。事實上，一開始我們可能完全不需要將程式碼劃分成不同的領域！

將程式碼劃分到不同的領域，這樣做的目的就是為了讓這些領域能夠獨立發展。這就是「第 3 章」所討論的「單一職責原則」的應用。只是，這次我們談論的不是單一類別的職責，而是組成 Bounded Context 的一整組類別的職責。如果一個 Bounded Context 的職責出現了變化，我們不希望改變其他 Bounded Context 的程式碼！

管理 Bounded Context，即保持它們之間的邊界清晰可辨，是軟體工程的主要挑戰之一。許多開發人員將所謂「遺留軟體」（legacy software）相關的痛苦歸咎於不清晰的邊界。而事實證明，軟體不需要多長時間就會變成「歷史包袱」（legacy，又譯祖產）。

因此，毫不意外地（至少到目前為止），許多本書第一版的讀者問我「如何使用六角形架構來管理多個 Bounded Context」。不幸的是，並沒有一個簡單的解答。一般情況下，有多種方法可以處理這個問題，但沒有一種方法是絕對正確或錯誤的。讓我們來討論一些劃分 Bounded Context 的方法吧。

# 為每個 Bounded Context 建立一個六角形？

當我們處理六角形架構和多個 Bounded Context 時，我們的直覺是為每個 Bounded Context 建立一個獨立的「六角形」。結果看起來可能會像圖 13.1。

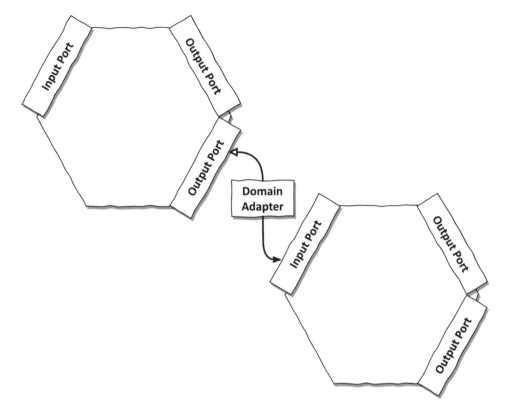

圖 13.1：如果每個 Bounded Context 都被實作為自己一個六角形，那麼我們需要為 Bounded Context 的每一條通訊（each line of communication）都提供一個輸出轉接埠、一個轉接器，以及一個輸入轉接埠。

每個 Bounded Context 都存在於自己的六角形中，提供「輸入轉接埠」來與之互動，並使用「輸出轉接埠」來與外界互動。

理想情況下，Bounded Context 根本不需要彼此交談，所以我們在兩者之間並沒有任何依賴關係。然而，在現實世界中，這種情況很少發生。讓我們假設「左邊的 Bounded Context」需要呼叫「右邊的 Bounded Context」的某些功能。

如果我們使用六角形架構提供的架構元素，我們會在「第一個 Bounded Context」中增加一個輸出轉接埠，並在「第二個 Bounded Context」中增加一個輸入轉接埠。然

後，我們建立一個轉接器，用以實作輸出轉接埠、進行任何必要的對應（mapping），並呼叫「第二個 Bounded Context」的輸入轉接埠。

問題解決了，對嗎？

確實，從理論上來看，這似乎是一個非常整潔的解決方案。Bounded Context 之間得到了最佳的劃分。它們之間的依賴關係以「轉接埠與轉接器」的形式清晰地結構化。Bounded Context 之間「新的依賴關係」需要我們明確地將它們新增到現有的轉接埠，或新增一個新的轉接器。依賴關係不太可能偶然地出現或「意外」地滲入，因為建立這種依賴關係需要很多流程。

然而，如果我們進一步思考「超過兩個 Bounded Context」的情況，就會發現這種架構的擴展性並不強。對於擁有一個依賴關係的兩個 Bounded Context 來說，我們需要實作一個轉接器（即圖 13.1 中那個 Domain Adapter 的方框）。如果我們排除「循環依賴」，對於三個 Bounded Context，我們可能需要實作三個轉接器，對於四個 Bounded Context，我們可能需要實作六個轉接器，以此類推，如圖 13.2 所示 [43]。

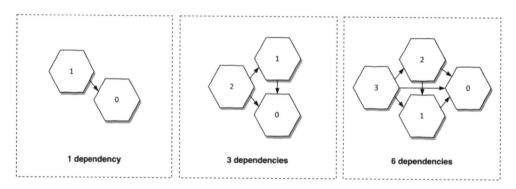

圖 13.2：即使我們排除了循環依賴，Bounded Context 之間「潛在依賴關係的數量」與「Bounded Context 的數量」也會出現不成比例的增長。

---

43 我用來計算 n 個 Bounded Context 之間的潛在依賴關係的公式是 n-1 + n-2 + ... + 1。第一個 Bounded Context 有 n-1 個潛在的、非循環的依賴關係，第二個有 n-2 個，以此類推。最後一個 Bounded Context 不能依賴於其他 Bounded Context，因為它可以有的每個依賴關係都將是一個循環依賴，而我們不希望允許循環依賴。

針對每個依賴關係，我們都需要實作一個轉接器，並至少配置一個相關的輸出入轉接埠。每個轉接器都必須從一個領域模型對應到另一個領域模型。這很快就變成了一種需要開發和維護的繁重工作。如果這變成了一項繁重工作，且需要的工作量超過了它帶來的價值，團隊將為了避免做這項工作而投機取巧，採取偷吃步的做法，導致架構乍看之下像是一個六角形架構，但實際上並不具備它所承諾的好處和優勢。

如果我們回顧一下最初介紹六角形架構的原始文章[44]，我們可以看出，六角形架構的初衷並不是把一個 Bounded Context 封裝（encapsulate）在轉接埠與轉接器中。反之，其意圖（目的）是封裝**一個應用程式**。這個應用程式可能由許多個 Bounded Context 組成，或者根本就沒有任何 Bounded Context。

當我們準備將 Bounded Context 提取到各自的應用程式時，也就是各自的（微）服務時，的確有理由將每個 Bounded Context 包裝在自己的六角形中。這意味著我們應該非常確定，我們在它們之間設置的邊界是正確的，而且我們不希望它們改變。

這裡的重點是，六角形架構並未提供一個可擴展的解決方案，用於管理「同一個應用程式」中的多個 Bounded Context。而它也無需這樣做。反之，我們可以從 DDD 中獲得靈感，來解耦合（decouple）我們的 Bounded Context，因為在一個六角形內，我們可以做任何我們想做的事。

## 解耦合的 Bounded Context

在前一個小節中，我們了解到轉接埠與轉接器應該封裝整個應用程式，而不是各別封裝每個 Bounded Context。那麼，我們該如何保持這些 Bounded Context 彼此分開呢？

在一個簡單的情況下，我們可能有不需要彼此通訊的 Bounded Context。它們提供完全獨立的程式碼路徑（path）。在這種情況下，我們可以像圖 13.3 那樣，為每個 Bounded Context 建立專用的輸出入轉接埠。

---

44 https://alistair.cockburn.us/hexagonal-architecture/

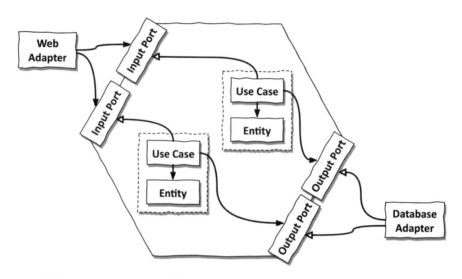

圖 13.3：如果 Bounded Context（虛線）不需要彼此交談，每個都可以實作自己的輸入
轉接埠並呼叫自己的輸出轉接埠。

這個範例展示了一個具有兩個 Bounded Context 的六角形架構。一個「網頁層轉接器」
正在驅動應用程式，而一個「資料庫轉接器」則由應用程式所驅動。這些轉接器可以
代表任何其他輸出入轉接器——並非每個應用程式都是帶有資料庫的網頁應用程式
（web application）。

每個 Bounded Context 都透過「一個或多個專用的輸入轉接埠」公開（expose）自
己的使用案例。網頁層轉接器知道所有輸入轉接埠，因此可以呼叫所有 Bounded
Context 的功能。

我們也可以實作一個泛用的輸入轉接埠（而不是為每個 Bounded Context 建立專用
的輸入轉接埠），網頁層轉接器可以利用這個轉接埠，將「請求」路由到「多個
Bounded Context」。在這種情況下，這些 Context 之間的邊界將被隱藏起來（六角形
的外部是看不到的）。根據情況的不同，這可能是理想的，也可能是不理想的。

此外，每個 Bounded Context 都定義了自己的資料庫「輸出轉接埠」，以便獨立於其
他 Bounded Context 儲存和檢索資料。

雖然將輸入轉接埠按照 Bounded Context 分開是可選的，但我會強烈建議，把用於儲存和檢索「一個 Bounded Context 的領域資料」的輸出轉接埠，與其他 Bounded Context 區分開來。如果一個 Bounded Context 與「金融交易」有關，另一個與「使用者註冊」有關，那麼應該有一個（或多個）專門用來儲存和檢索「交易資料」的輸出轉接埠，以及另一個專門用來儲存和檢索「註冊資料」的輸出轉接埠。

每個 Bounded Context 都應該擁有自己的儲存層（Persistence）。如果多個 Bounded Context 共用「輸出轉接埠」來儲存和檢索資料，因為它們都依賴於相同的資料模型，它們將很快變得高度耦合。想像一下，我們需要將一個 Bounded Context 從六角形應用程式中拉取（pull）出來，並將其獨立為一個微服務，因為我們發現它與應用程式的其餘部分有著不同的可擴展性（scalability）需求。如果該 Bounded Context 與另一個 Bounded Context 共用一個資料庫模型，那麼將其提取出來會是一件非常困難的事。我們並不希望「新的微服務」去存取另一個應用程式的資料庫，對吧？出於同樣的原因，我們希望保持每個 Bounded Context 的資料庫模型分開。

只要多個 Bounded Context 在「同一個執行階段」執行，它們就可能共享一個實體資料庫，並參與相同的資料庫交易。但在那個資料庫中，應該清楚區分不同 Bounded Context 的資料，例如可以使用一個獨立的資料庫綱要（database schema），或者至少是不同的資料庫表格，透過這樣的方式來實作。

像這樣區分輸入與輸出轉接埠的好處是各個 Bounded Context 完全解耦合。每個 Bounded Context 都可以自主演進，而不會以任何方式影響其他的 Bounded Context。但它們之所以解耦合，是因為它們沒有彼此交談（沒有互相通訊）。萬一我們有橫跨多個 Bounded Context 的使用案例，或者，萬一有一個 Bounded Context 需要與另一個進行通訊，該怎麼辦呢？

# 適當耦合的 Bounded Context

如果能夠完全避免所有的耦合，軟體架構設計將變得簡單許多。然而，在現實世界的應用程式中，一個 Bounded Context 很可能需要另一個 Bounded Context 的幫助才能完成它的工作。

讓我們再次使用與「金錢交易」有關的 Bounded Context 作為例子。出於安全考量，我們希望記錄哪個使用者發起了交易。這意味著我們的 Bounded Context 需要一些關於使用者的資訊，而這些資訊儲存在另一個 Bounded Context 中。但是，我們的 Bounded Context 並不需要與「使用者管理」的 Context 緊密耦合。

在我們的「交易管理」Bounded Context 中，可能只需要知道「使用者 ID」就足夠了，而不必了解完整的使用者物件。在「註冊」Context 中，使用者物件是一個擁有許多屬性（attribute）的複雜物件，而在「交易」Context 中，象徵使用者的表示，可能只是一個圍繞著「使用者 ID」的包裝器（wrapper）而已。在「轉帳匯款」（Send Money）使用案例中，我們現在可以只接受執行交易的「使用者 ID」作為輸入，然後記錄它。我們不需要讓「交易」Context 與「使用者的所有其他資訊」緊密耦合。

但我們可能需要驗證「該名使用者是否未被交易封鎖」。在這種情況下，我們可以使用「領域事件」（domain event）[45]。當「使用者管理」Context 中的使用者狀態發生變化時，我們會觸發一個領域事件，其他 Bounded Context 會接收這個領域事件。舉例來說，我們的「交易」Context 可能會接聽（listen to）「使用者新註冊或被封鎖時」的事件。然後，它可以在自己的資料庫中儲存這些資訊，以便後續在「轉帳匯款」使用案例中用來驗證使用者的狀態。

另一種可能的解決方案是引入一個應用程式服務（application service），作為「使用者管理」和「交易」Context 之間的協調器（orchestrator）[46]。應用程式服務實作了「轉

---

45 關於領域事件，請參閱《*Implementing Domain-Driven Design*》，Vaughn Vernon 著，Pearson 出版，2013 年，第 8 章，博碩文化出版繁體中文版。

46 關於應用程式服務，請參閱《*Implementing Domain-Driven Design*》，Vaughn Vernon 著，Pearson 出版，2013 年，第 14 章，博碩文化出版繁體中文版。

帳匯款」輸入轉接埠。當被呼叫時，它首先向「使用者管理」Context 查詢使用者狀態，然後將狀態傳遞給「交易」Context 提供的「轉帳匯款」使用案例——這是不同的實作，但與使用領域事件時的效果相同。

這只是兩個示範如何「適當地」（appropriately）耦合 Bounded Context 的例子。筆者建議各位讀者閱讀 DDD 的書籍與相關文獻，來獲得更多靈感（如果你們還沒有這樣做的話）。

回到六角形架構，「適當地耦合多個 Bounded Context」看起來可能如圖 13.4 所示。

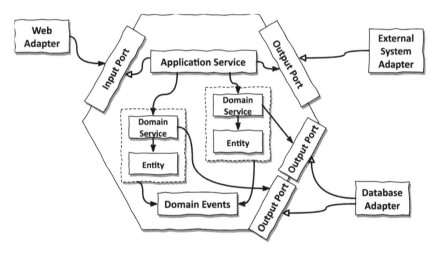

圖 13.4：如果我們有橫跨多個 Bounded Context 的使用案例，我們可以引入應用程式服務來協調，並使用領域事件在 Context 之間共享資訊。

我們在 Bounded Context 之上引入了一個應用程式服務（作為協調器）。輸入轉接埠現在由這個服務實作，而不再由 Bounded Context 本身實作。應用程式服務可能會呼叫輸出轉接埠，從其他系統獲取所需的資訊，然後呼叫由 Bounded Context 提供的一個或多個領域服務。例如，除了協調對 Bounded Context 的呼叫之外，應用程式服務還充當**交易邊界（transaction boundary）**，這樣我們就可以在同一個資料庫交易中呼叫多個領域服務。

在各個 Bounded Context 內的領域服務仍然使用它們自己的資料庫輸出轉接埠，以保持 Bounded Context 之間的資料模型分離。我們可以決定「這種分離是不必要的」，並改為使用單一資料庫輸出轉接埠（但我們應該意識到，共用一個資料模型會導致非常緊密的耦合）。

Bounded Context 可以存取一組共享的領域事件，它們可以分別發佈（emit，發送）和接聽這些事件，以便用「鬆散耦合（loosely coupled）的方式」交換資訊。

# 如何讓軟體邁向可維護性的目標？

管理領域之間的邊界是軟體開發中最困難的部分之一。當 code base 很小時，可能不需要設定邊界，因為整個 code base 的心智模型（mental model，也就是它的結構和運作方式）可以很輕鬆地放入我們大腦的工作記憶區（working memory），所以我們很容易就能理解和處理它。然而，一旦 code base 變得龐大和複雜，我們就需要在領域之間引入（建立）邊界，以確保我們能夠分開思考和理解每個領域。如果我們不這樣做，依賴關係將逐漸滲透進來，將我們的 code base 變成那些讓人畏懼的「大泥球」。

六角形架構主要用於管理應用程式與外部世界之間的邊界。這個邊界由「應用程式提供的特定輸入轉接埠」和「應用程式期望的特定輸出轉接埠」構成。

六角形架構並不能幫助我們管理應用程式內部更細粒度（finer-grained）的邊界。在我們的「六角形」裡面，我們可以做任何我們想做的事。如果 code base 對我們的工作記憶區來說變得太大了，我們應該回歸到 DDD 或其他概念，在我們的 code base 中建立（更細粒度的）邊界。

在下一章中，我們將探索一種輕量級（lightweight）的建立邊界的方法，無論是否使用六角形架構，我們都可以應用這種方法來建立邊界。

# 14

# 以元件為基礎的軟體架構方法

- 透過元件進行模組化

- 案例研究：打造一個檢查引擎元件

- 強化元件的邊界

- 如何讓軟體邁向可維護性的目標？

在軟體專案開始之初，我們永遠無法事先知道「使用者」實際使用軟體後會提出的所有需求。軟體專案總是伴隨著冒險，以及做出合理的、有根據的猜測（educated guess，我們喜歡稱之為「假設」，這樣聽起來更專業）。軟體專案的環境實在是太變幻莫測，無法提前預知所有事情的發展。這種不穩定性和挑戰性正是「敏捷（Agile）運動」誕生的原因。敏捷實踐讓組織有足夠的彈性，能夠適應變化。

但我們如何建立一個能夠適應這種敏捷環境的軟體架構呢？如果任何事物都可能隨時變化，我們是否還應該煩惱架構的問題？

是的，我們應該這麼做。正如「第 1 章，可維護性」所討論的，我們應該確保軟體架構能夠支援可維護性。一個可維護的 code base 能夠隨著時間的推移不斷演進，以適應外部因素。

六角形架構朝著可維護性邁出了重要的一步。它在我們的應用程式與外部世界之間建立了一個邊界。在我們的應用程式內部（六角形內部），我們有領域程式碼，它向外部世界提供專用的轉接埠。這些轉接埠將應用程式連接到轉接器，這些轉接器與外部世界進行通訊，在「我們應用程式的語言」與「外部系統的語言」之間進行翻譯。這種架構提高了可維護性，因為應用程式在很大程度上可以獨立於外部世界進行演進。只要這些轉接埠不變，我們就可以改變應用程式內的任何東西，藉此應對敏捷環境中的變化。

然而，正如我們在「第 13 章，管理多個 Bounded Context」學到的，六角形架構並不能幫助我們在「應用程式核心」內部建立邊界。我們或許會希望在「應用程式核心」內部應用一種不同的架構，而這個架構可以在這方面幫助我們。

此外，我聽過非常多次「對於剛剛開始的軟體專案來說，六角形架構感覺十分困難」。要讓團隊同意這個架構是很不容易的，因為並非每個人都能理解「依賴反轉的價值」和「領域模型與外部世界之間的對應」。對於初創的應用程式（fledgling application）而言，六角形架構可能過於複雜。

針對這種情況，我們可能希望從一種比較簡單的架構風格開始，這種風格仍能提供我們在未來「演進成其他模式」所需要的模組化，但它的簡單性足以讓每個人都接受。我建議使用「以元件為基礎的架構」（component-based architecture）作為良好的起點，我們將在本章中討論這種架構風格。

# 透過元件進行模組化

可維護性的一個重要驅動因素是模組化。模組化（modularity）能夠將「複雜的軟體系統」切分成「較簡單的模組」，進而協助我們應對複雜度。我們不必理解整個系統就能夠處理其中一個特定的模組。反之，我們可以專注於該模組，以及它可能會介接的其他模組。只要模組之間的介面有清晰的定義，各模組就可以相對獨立地進行演進。我們或許可以把一個模組的心智模型放入到我們的工作記憶區中，但如果 code base 中沒有模組，要在腦中建立心智模型可能就會變得相當困難。我們將在程式碼中無助地跳來跳去。

只有模組化才能讓我們人類創造複雜的系統。Dave Farley 在他的著作《*Modern Software Engineering*》中談到了阿波羅計畫的模組化[47]：

> 『這種模組化帶來了許多優勢。這意味著每個元件都可以專注於解決問題的一個部分，並且在其設計中不需要妥協太多。它讓不同的團隊——在這種情況下是完全不同的公司——可以在很大程度上獨立完成每個模組的工作，彼此不受影響。只要不同的團隊就模組之間的介面達成共識，他們就可以不受限制地解決自己模組的問題。』

模組化讓我們登上了月球！模組化讓我們製造汽車、飛機和建築物。它也能幫助我們建立複雜的軟體，這並不讓人感到驚訝。

---

47 參閱《*Modern Software Engineering*》，Dave Farley 著，Pearson 出版，2022 年，第 6 章。

但模組（module）究竟是什麼呢？我覺得這個術語在（物件導向）軟體開發中使用得太過頻繁。幾乎每樣東西都被稱為「模組」，即便它只是一堆「隨意拼湊在一起」用來實作某種有用功能的類別。我更喜歡使用「元件」這個術語來描述一組精心設計的、用來實作某種特定功能的類別，它可與其他類別組合在一起，建立複雜的系統。這種組合性意味著元件可以組合在一起，形成更大的整體，甚至可以因應環境變化而重新組合。可組合性（composability）需要元件定義一個清晰的介面，告訴我們「它提供給外界什麼」，以及「需要外界提供什麼」。（輸出入轉接埠，各位有印象嗎？）就像樂高積木一樣：一塊樂高積木擁有特定的凸點和凹槽，其他積木可以堆疊在它上面，它也需要其他積木擁有特定的凸點和凹槽，它才能配接其他積木。儘管如此，如果讀者希望使用「模組」這個術語，筆者也不會批評，但在本章後續的討論中，筆者將全程使用「元件」這個術語。

就本章而言，元件指的是一組類別，這組類別具有「一個專門的命名空間」和「一個清晰定義的 API」。如果有其他元件需要這個元件的功能，它可以透過其 API 呼叫它，但是它不可以直接存取其內部結構。一個元件可能由更小的子元件組成。預設情況下，這些子元件（sub-component）位於父元件的內部，因此無法從外部存取。然而，如果它們實作了「應該從外部存取的功能」，那麼它們可以貢獻（contribute）到父元件的 API 中（也就是說，子元件可以為父元件提供功能）。

就像任何其他架構風格一樣，「以元件為基礎的架構」重點在於「哪些依賴關係是允許的」，以及「哪些依賴關係是不鼓勵的」。這在圖 14.1 中有所說明。

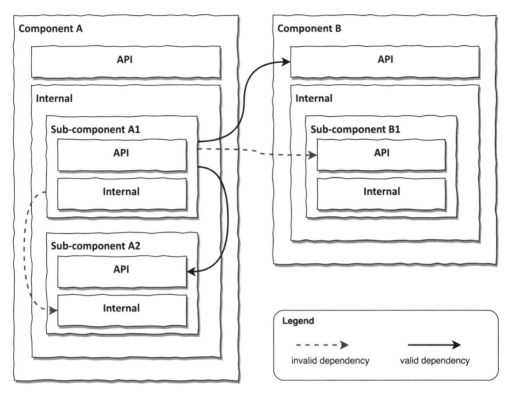

圖 14.1：對內部套件的依賴關係是無效的（invalid），但對 API 套件的依賴關係是有效的（valid），前提是 API 套件並非巢套（nested，嵌套）在內部套件中。

在這裡，我們有兩個頂層元件（top-level component），它們是 A 和 B。元件 A 由兩個子元件 A1 和 A2 組成，而元件 B 只有一個子元件 B1。

如果 A1 需要使用 B 的功能，它可以透過呼叫 B 的 API 來實作。然而，它不能存取 B1 的 API，因為作為子元件，它是其父元件內部的一部分，因此對外部是隱藏的。儘管如此，B1 仍然可以透過在「父元件 API」中實作一個介面，來替「父元件 API」貢獻（增添）功能。我們將在後續的案例研究中看到這一點。

相同的規則也適用於兄弟元件（sibling component），即 A1 和 A2 之間。如果 A1 需要存取 A2 的功能，它可以呼叫其 API，但不能呼叫 A2 的內部功能（不能存取 A2 的內部結構）。

這就是「以元件為基礎的架構」的全部內容。它可以被總結為四個簡單的規則：

1. 元件擁有專門的命名空間，使它可以被準確地識別和定位（addressable）。

2. 元件擁有專用的 API 和內部結構。

3. 可以從外部呼叫「元件的 API」，但不應該直接從外部呼叫「元件的內部結構」。

4. 元件可以包含子元件作為其內部結構的一部分。

為了使抽象變得具體，讓我們在真實的程式碼中看一下「以元件為基礎的架構」。

# 案例研究：打造一個檢查引擎元件

作為「以元件為基礎的架構」的案例研究，我從我參與的一個實際軟體專案中提取出一個元件，並將其獨立存放在 GitHub 的儲存庫中[48]。光是「我能夠相對輕鬆地提取出這個元件」，以及「我們無須知道它來自哪個軟體專案，就能推理出有關這個元件的情況」，這個事實本身就顯示出，我們已成功地透過應用模組化來征服複雜度！

這個元件是以物件導向的 Kotlin 編寫的，但是這些概念也適用於任何其他物件導向的語言。

這個元件被稱為「檢查引擎」（check engine）。它原本是一種網頁抓取器（web scraper，又譯網路爬蟲工具），可以瀏覽與走訪網頁並執行一組檢查。這些檢查涵蓋了從「檢查該網頁上的 HTML 是否有效」到「回傳該網頁上的所有拼寫錯誤」等各種檢查。

由於在抓取（爬取）網頁時可能會出現許多問題，我們決定以「非同步的方式」執行檢查。這意味著，該元件需要提供一個用於「安排檢查」的 API，以及一個用於「在執行檢查後獲取結果」的 API。這暗示著，我們需要一個「佇列」，用來儲存收到

---

48 「檢查引擎」是使用「以元件為基礎的架構」實作的，這是它的 GitHub 的儲存庫：https://github.com/thombergs/components-example。

的檢查請求（incoming check request），以及一個「資料庫」，用來儲存這些檢查結果。

從外部來看，不論我們是將檢查引擎建立成「一個完整元件」還是分成子元件，都不重要。只要元件有一個專用的 API，這些細節就會對外部隱藏起來。然而，上述需求確實為檢查引擎內部的「子元件」勾勒出一些自然的邊界（natural boundaries）。根據這些邊界（界線）分解檢查引擎，可以幫助我們更好地管理「檢查引擎元件」的複雜度，因為「管理每個子元件」將比「管理整個問題」更加容易。

我們為「檢查引擎」提出了三個子元件：

* 佇列元件（queue component），用於包裝對一個佇列的存取，來置入（queue）和取出（dequeue）檢查請求。

* 資料庫元件（database component），用於包裝對一個資料庫的存取，來儲存（store）和檢索（retrieve）檢查結果。

* 檢查執行器元件（checkrunner component），它知道要執行哪些檢查，並在從佇列接收到檢查請求時執行它們。

請注意，這些子元件主要引入的是技術性（technical）的邊界。類似於六角形架構中的輸出轉接器，我們在子元件中隱藏了「存取外部系統（佇列和資料庫）的具體細節」。但是，檢查引擎元件是一個非常技術性的元件，其中幾乎沒有（或完全沒有）領域程式碼。唯一可以被認為是「領域程式碼」的元件是「檢查執行器」，它充當某種控制器。技術性元件非常適合「以元件為基礎的架構」，因為它們之間的邊界比不同功能領域之間的邊界更加清晰。

讓我們看一下檢查引擎元件的架構圖，來深入了解細節（圖 14.2）。

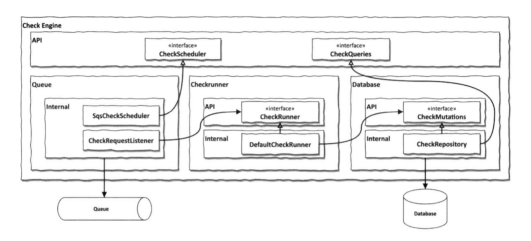

圖 14.2：檢查引擎元件由三個子元件組成，這些子元件貢獻到父元件的 API 中。

圖 14.2 反映了程式碼的結構。讀者可以將每個方框視為一個 Java 套件（或其他程式語言中的簡單原始碼資料夾）。如果一個方框位於另一個更大的方框之內，那麼它就是那個更大方框的子套件（sub-package）。最後，位於最底層的方框代表類別。

檢查引擎元件的公開 API 由 CheckScheduler 和 CheckQueries 介面組成，它們分別允許安排網頁檢查和檢索檢查結果。

CheckScheduler 是由佇列元件內部的 SqsCheckScheduler 類別實作的。這樣，佇列元件就為「父元件的 API」做出了貢獻。只有當我們看到這個類別的名稱時，才會知道它使用了 Amazon SQS（Simple Queue Service，簡單佇列服務）。這個實作細節不會被洩露到檢查引擎元件的外部。即使是兄弟元件，也不會知道使用的是哪一種佇列技術。你可能會注意到，佇列元件甚至沒有 API 套件，所以它的所有類別都是內部的！

CheckRequestListener 類別接著收聽來自佇列的請求。對於每個收到的請求，它會呼叫「檢查執行器」子元件 API 中的 CheckRunner 介面。DefaultCheckRunner 實作了該介面。它從收到的請求中讀取網頁的 URL，決定要對其進行哪些檢查，然後執行那些檢查。

當一個檢查完成時，DefaultCheckRunner 類別會透過呼叫「資料庫」子元件 API 的 CheckMutations 介面，將結果儲存在資料庫中。這個介面由 CheckRepository 類別實作，而這個類別負責處理與「資料庫」的連線和通訊等細節。再次強調，資料庫技術並未被洩漏到「資料庫」子元件的外部。

CheckRepository 類別還實作了 CheckQueries 介面，這是檢查引擎的「公開 API」的一部分。這個介面提供了查詢「檢查結果」的方法。

藉由把「檢查引擎元件」拆分成三個子元件，我們分解了複雜度。每個子元件都解決了整體問題中的一個簡單部分。它基本上可以獨立發展。如果因為成本、可擴展性或其他原因，我們需要對佇列或資料庫技術進行變更的話，這些變更並不會被洩漏到其他子元件中。需要的話，我們甚至可以使用「簡單的記憶體內實作」來替換子元件，用以進行測試。

透過將我們的程式碼結構化為元件，並遵循擁有專用 API 和內部套件的慣例，我們可以獲得所有這些好處。

## 強化元件的邊界

慣例（convention，又譯約定）是有益的，但如果只有慣例（而缺乏執行力），總會有人打破它們，而架構也將隨著時間「風蝕」。我們需要強制執行元件架構的慣例。

元件架構的一個好處是，我們可以應用一個相對簡單的適應函數（fitness function），來確保沒有意外的依賴關係悄悄滲入我們的元件架構之中：

> 任何位於「內部」套件之外的類別，都不應該存取位於該「內部」套件之內的類別。

如果我們把一個元件的所有內部元素，都放入一個被命名為「internal（內部）」（或以某種其他方式標記為「內部」）的套件當中，我們只需要檢查「該套件中的類別」

沒有被「該套件的外部」呼叫。針對基於 JVM 的專案，我們可以使用 ArchUnit 來編寫這個適應函數 [49]：

```
fun assertPackageIsNotAccessedFromOutside(internalPackage: String) {
    noClasses()
        .that()
        .resideOutsideOfPackage(packageMatcher(internalPackage))
        .should()
        .dependOnClassesThat()
        .resideInAPackage(packageMatcher(internalPackage))
        .check(analyzedClasses)
}
```

我們只需要在每次建置過程中，找到一種辨識內部套件的方式，然後將它們全部餵（feed，輸入）到上述的函數中，如果不小心引入了對內部類別的依賴關係，那麼這個建置就將失敗。

這個適應函數甚至不需要知道我們架構中的元件是什麼。我們只需要遵循一種慣例，那就是「識別內部套件，然後將這些套件輸入到函數中」。這意味著，每當我們向 code base 添加或刪除元件時，都不需要更新「正在執行適應函數的測試」。非常方便！

> **Note**
> 這個適應函數是我們在「第 12 章」中介紹的適應函數的相反形式（inverted form）。在「第 12 章」中，我們驗證「某個特定套件中的類別，不會存取該套件之外的類別」。而在這裡，我們驗證「來自套件之外的類別，不會存取套件內部的類別」。這個適應函數更穩定，因為我們不必為使用的每個函式庫（library）都添加例外。

---

49 ArchUnit 規則，用於驗證沒有程式碼可以存取「某個特定套件內的程式碼」：https://github.com/thombergs/components-example/blob/main/server/src/test/kotlin/io/reflectoring/components/InternalPackageTest.kt。

當然，如果我們不遵守內部套件的慣例，還是有可能會引入不想要的依賴關係。而且這個規則仍然允許一個漏洞：如果我們直接把類別放入頂層元件的「內部」套件中，那麼任何子元件的類別都可以存取它。因此，我們可能需要引入另外一條規則，禁止將任何類別直接放在頂層元件的「內部」套件中。

# 如何讓軟體邁向可維護性的目標？

「以元件為基礎的架構」非常簡單。只要每個元件都有一個專門的命名空間、專用的 API 和內部套件，且內部套件中的類別不會被外部呼叫，我們就能建立一個非常容易維護的 code base，其中包括許多可組合和可重新組合的元件。如果我們加上一條規則，允許元件由其他元件組成，我們就可以用「越來越小的部分」建置出一個完整的應用程式，每個部分都解決了一個更簡單的問題。

即使有漏洞可以繞過元件架構的規則，但架構本身非常簡單，因此非常容易理解和溝通。如果容易理解，就容易維護。如果容易維護，那麼漏洞被利用的可能性就更小一些。

六角形架構關注的是應用程式層級的邊界。「以元件為基礎的架構」關注的是元件層級的邊界。我們可以利用這一點，將元件嵌入（embed）到六角形架構中，或者，我們可以選擇從一個簡單的「以元件為基礎的架構」開始，並在需要時，將其演進為任何其他架構。「以元件為基礎的架構」在設計上是模組化的，模組很容易移動和重構。

在下一章（也是最後一章）中，我們將結束對架構的討論，並嘗試回答「應該在何時選擇哪種架構風格」的問題。

# 15

# 選擇你的架構風格

- 從簡單開始
- 領域的發展
- 相信自己的經驗
- 視情況而定

截至目前為止，本書都是以筆者的個人看法，採用六角形架構設計的風格作為開發網頁應用程式的選項。不論是程式檔案的結構，還是要不要採取偷吃步的做法，我們都是以這類架構風格為主，探討在此架構設計下會遇到的問題。

本書中的某些結論，或許同樣適用於傳統的階層式架構，但也有些討論是僅限於「以領域為核心的架構設計」才能成立的（例如本書所採用的做法）。所以讀者可能會發現，你們並不同意某些議題的結論，而這很可能是因為這些結論在讀者過去的經驗中並不適用。

但在最後，本書想要再探討一個問題：何時應該採用六角形架構？何時又應該堅持使用傳統的階層式架構（或其他種類的架構）呢？

# 從簡單開始

筆者花了太長時間才意識到的一個重要觀點是，軟體架構並不僅僅是我們在軟體專案一開始定義好，然後就會自行運作的東西。我們無法在專案一開始就知道「設計一個優秀的架構」所需知道的一切！軟體專案的架構可以（而且也應該）隨著時間，漸漸地適應不斷變化的需求。

這意味著，從長遠來看，我們無法確定哪種架構風格最適合軟體專案，而我們可能需要在未來改變架構風格！為了實現這一點，我們需要確保軟體具備適應變化的彈性。我們需要種下「可維護性」的種子。

**可維護性（Maintainability）**意味著我們需要將程式碼模組化，這樣如果有必要的話，我們就可以獨立處理每個模組的工作，並在 code base 中自由搬移它。架構需要盡可能清楚地界定這些模組之間的邊界，以免模組之間不小心產生不必要的依賴關係，降低可維護性。

專案一開始可能只涉及到一組 CRUD 使用案例，這時候，使用像六角形架構這種以「領域」為中心的架構風格可能會過於複雜，所以我們可能會選擇更簡單的方法，例如以「元件」為基礎的方法。或者，我們可能已經對專案有足夠的了解，並開始建置充血領域模型，這時候，採用六角形架構風格可能就是一個適當的選擇。

# 領域的發展

我們對軟體的需求隨著時間有越來越深入的理解，我們可以做出越來越好的決策，來選擇最適合的架構風格。應用程式可能會從一組簡單的 CRUD 使用案例，逐漸演變成一個豐富的、以「領域」為中心的、充滿大量業務規則的應用程式。這時候，六角形架構風格便是一個不錯的選擇。

經過前面一連串的討論，我們可以得知，六角形架構最主要的功用在於讓領域核心的程式碼不會受到影響，這些影響來自其他架構層（例如儲存層），或來自對外部系統的依賴關係。在我看來，六角形架構設計最重要的議題，就是不受外界影響且不斷演化的領域程式碼。

這也是為何這種架構設計風格非常適合用於 DDD（領域驅動設計）開發。說得更直接一點，在 DDD 開發中，是領域決定了開發的一切，而且，只有在無須同時考慮儲存層議題或其他技術性層面的議題時，我們才能夠把全副心力投注在領域之上。

筆者甚至可以更進一步說，**像六角形架構這類以「領域」為主軸的架構設計，才是能夠讓 DDD 成功的推手**。如果一個架構不把「領域」置於核心地位，如果一個架構不把依賴方向全部指向「領域程式碼」的話，我們就沒有真正落實 DDD 的機會了；設計總是會被其他因素影響。

這也是第一個可供讀者判斷「是否要採用本書的架構設計風格」的指標：**如果領域程式碼不是處於應用程式中的核心地位，那麼就不一定要遵循這類架構設計。**

# 相信自己的經驗

人類是一種具有慣性的生物，總是容易傾向已經養成的習慣，讓習慣替我們省下做決策的時間。打個比方，當看到獅子朝我們跑來時，我們會反射性地轉頭拔腿就跑。而當我們要開發網頁應用程式時，由於過往經驗累積而成的習慣，我們會因此更傾向於採用階層式架構。

這並不代表階層式架構就不好。習慣是一把雙面刃，可能會讓我們沉溺在錯誤的事物中，但也有可能幫助我們做出正確的反應。當我們根據一直以來的經驗、做著最拿手的事情時，就是在自己的舒適圈中，何必跳出舒適圈呢？

所以，為了在選擇架構設計風格上做出明智的決定，最好的方式就是盡量多方涉獵不同架構設計的經驗。如果讀者不確定是否該採用六角形架構，請先以手頭上的專案為例，然後從一個小規模的應用程式開始試行。嘗試適應這種架構設計帶來的概念，試著融入，然後運用本書所提到的內容，甚至可以試試看自行調整、加上自己的想法，調整成你覺得最舒適的風格。

這個經驗將成為一份資糧，指引你做出架構設計的決策。

# 視情況而定

筆者很想仿效社群媒體上常見的那些『你是哪一種人格特質』、『如果你是狗，你會是哪一種狗』心理測驗小遊戲一樣，替讀者列出一長串的選擇題，幫助各位做出架構設計的決策[50]。

但架構設計的決策不若心理測驗小遊戲那麼簡單。如果硬要問筆者該選擇哪一種架構設計，我會給出那種專業顧問般的制式回答：『視情況而定……』。應該視情況而定：這得要看你是開發哪一種軟體、這得要看領域程式碼的重要性、這得要看團隊的開發經驗程度，最終，這得要看讀者本身是否能接受這種決定。

然而筆者還是希望本書能夠在架構設計的決策上，給予各位讀者一點靈感。不論最終是否採用六角形架構，如果讀者有什麼關於決策過程的經驗想要訴說，筆者很樂意與您一同坐下來分享[51]。

---

50 順帶一提，筆者屬於 Defender 守衛者型人格，而且如果我是狗，絕對會是一隻比特犬。

51 歡迎各位來信討論：tom@reflectoring.io。

# memo

# memo

# memo

# memo